Younes Toubache

Calcul de l'onde de submerssion en aval en cas de rupture d'un barrage

Printed by Books on Demand GmbH, Norderstedt / Germany

Younes Toubache

Calcul de l'onde de submerssion en aval en cas de rupture d'un barrage

Cas d'un barrage des portes de fer bordj bou arrerridj logicieles CASTOR

Noor Publishing

Imprint

Cover image: www.ingimage.com

Publisher:
Noor Publishing
is a trademark of
Dodo Books Indian Ocean Ltd. and OmniScriptum S.R.L publishing group

120 High Road, East Finchley, London, N2 9ED, United Kingdom
Str. Armeneasca 28/1, office 1, Chisinau MD-2012, Republic of Moldova, Europe
Printed at: see last page
ISBN: 978-620-5-63783-8

Calcul de leende de suemersien en aval en cas de rupture deun earrage. (CASTOR)

Cas deun earrage des Pertes de Fer Berde Beu arreride

Tout d'abord, je remercie le bon DIEU de m'avoir donnée le courage d'arriver à ce stade du savoir.
J'exprime mes vifs remerciements à tous ceux qui ont contribué, de prés ou de loin, à ma formation et à la réalisation de ce modeste travail.

Je tiens à exprimer ma profonde gratitude et ma reconnaissance à mon promoteur Mr K .Bensghier, qui a dirigé les travaux de ce mémoire, pour son soutien, sa patience, sa gentillesse, la confiance qu'il m'a témoigné et pour toute l'aide matérielle et morale qu'il a mis à ma disposition tout le long de mon travail, que celui-ci soit à la hauteur de ses attentes.

Mes vifs remerciements vont également Melle S. Benmamar pour son soutien au cours de mes années d'étude, pour ses conseils et sa compréhension.

Je tiens remercier tous les enseignants du département Hydraulique qui m'ont enseigné durant mes trois années.

Mes remerciements les plus sincères à tous les ingénieurs de bureau d'étude HYDRO CONSULT en particulier Mr Boualem pour ses conseils, ses critiques et ses encouragements.

Mes sincères remerciements vont également à Mr A. Benhadouga chef subdivision de l'hydraulique Medjana, et tous les techniciens de la subdivision.

Mes remerciements les plus sincères s'adressent à Mr Boukhalfa chef de service de mobilisation à la DHWBBA, et Mr Baghoura et tous les ingénieurs de la DHWBBA.

Enfin, tous ceux qui m'ont aidé de près ou de loin, que ce soit par leur amitié, leurs conseils ou leurs soutien moral, trouveront dans ces quelque lignes l'expression de mes remerciements les plus vifs.

A mes parents :

Eux qui se sont sacrifices corps et âme pour m'offrir le repos et le bonheur.

Pour leurs éducation qu'ils m'ont inculquée, pour leur soutien moral et matériel dont j'ai bénéficier à chaque fois que j'en ai en besoin, pour l'amour,la patience et dévouement qu'ils m'ont insufflés,pour leur énorme sacrifice, très chers parents je ne vous remercierai jamais assez pour vos actes.

A mon très cher frère ;
A mes très chers sœurs ;
A toute ma famille ;

A mes amies ainsi qu'a tous ceux que me sont chers.

A mon ami Hocine

ملخص

انكسار السد كارثة حقيقية
يتلخص عملنا في دراسة فرضية انكسار السد, ودراسة أيضا طريقة حساب موجة الاجتياح, الناتجة عن الانكسار التام و اللحظي للسد.
الهدف من هته المذكرة, هو تحديد الخصائص الهيدروليكية لموجة الانتشار و تقييم الأخطار الناتجة عنها, ودلك لرسم خريطة الفيضان
الكلمات المفتاحية : سد- انكسار- كاسطور- موجة الاجتياح

Résumé :

La rupture d'un barrage est une véritable catastrophe
La présente étude traité de l'hypothèse d'une rupture des barrages, et les démarche de calcul de l'onde de submersion à l'aval, qui résultent d'une rupture totale et instantanée d'un barrage.
Le but de ce mémoire est déterminer les caractéristiques hydraulique de l'onde de submersion, pour évaluer le risque, afin d'établir une carte d'inondation.

Mots clés : barrage – rupture – Castor - l'onde de submersion.

Summary

This study consist the hypotheses of dam breaking, and step characterization hydraulic of the submersion wave the bottom that result in a total breaking and instantly of the dam.
This work has as an objective, the evaluation of the risk, and establishing a flood map

Key words: damp – breaking – Castor – submersion wave.

Sommaire

ANNEXES :

Introduction générale

Depuis très longtemps, les besoins, notamment en eau potable et l'irrigation, ont conduit à réaliser des ouvrages de dimensions considérables afin d'assurer une meilleure utilisation et satisfaction des besoins en eau.
Ces ouvrages sont appelés, les ouvrages d'accumulations qui sont constitués d'un ouvrage de retenue (barrage), et d'une zone de retenue (ou bassin d'accumulation).

Les barrages ont plusieurs fonctions, qui peuvent s'associer :

- La régulation de cours d'eau (écrêteur de crue ; maintien d'un niveau minimum des eaux en période de sécheresse).
- L'irrigation des cultures.
- L'alimentation en eau des villes.
- La production d'énergie électrique. .
- Le tourisme, les loisirs.
- La lutte contre les incendies ...

La conception d'un barrage doit tenir compte des caractéristiques hydrologiques, topographiques et géologiques du milieu où il sera construit. On doit, par exemple, considérer les apports moyens en eau et leurs fluctuations saisonnières.

Bien que, les barrages soient réalisés selon les normes de conception et de construction les plus rigoureuses, cependant on est toujours en face des multiples causes de rupture qui sont d'ordre naturel (forte pluie, vent,séisme ...), technique liés aux hypothèses de conception (fondation,matériaux utilisée, ...), humain liés aux erreurs d'exploitation.

La rupture d'un barrage, bien que rare de nos jour reste cependant possible et compte tenu de l'ampleur d'un tel accident, le problème mérite d'être pris au sérieux. Cette rupture se manifeste par la libération des eaux retenues qui se propagent ainsi vers l'aval du barrage.

Vu le caractère accidentel et imprévu de ce phénomène, il est nécessaire de connaître l'évolution de l'onde de submersion dans le temps à l'aval du barrage, ainsi que la variation de la hauteur d'eau suivant l'axe de propagation de l'onde.

Le présent travail porte sur l'étude du phénomène de propagation d'onde qui résulte de la rupture d'un barrage.

Cette étude débute par un premeir chapitre qui commence par des généralités sur les barrages en citant les différents types de barrage, et leurs classements réglementaires.

Le deuxième chapitre traite sommairement des causes et modes de rupture de barrages et présente des tableaux résumant les statistiques récentes de cas de rupture de barrages dans le monde.

Le troisième chapitre est un exposé des différents types d'onde, modèles de calculs (les équations qui régissent l'écoulement de l'onde), et le détail des démarches de calcul de l'onde de submersion.

Le quatrième chapitre concerne les outils logiciels utilisables pour le calcul de l'onde de submersion.

Comme application nous avons pris le barrage des Portes de Fer dans la région de Bordj Bou Arréridj, en utilisant le logiciel CASTOR pour calculer les caractéristiques hydrauliques de l'onde de submersion en long de la vallée, affines de tracer la carte d'inondation.

Enfin, nous terminerons notre travail par une conclusion générale.

.

Chapitre I : Généralité sur les barrages

I-1 Introduction

Un barrage est un ouvrage artificiel ou naturel (résultant de l'accumulation de matériaux à la suite de mouvements de terrain), établi en travers du lit d'un cours d'eau, retenant ou pouvant retenir de l'eau. Les barrages ont plusieurs fonctions, qui peuvent s'associer : la régulation de cours d'eau (écrêter de crue en période de crue, maintien d'un niveau minimum des eaux en période de sécheresse).

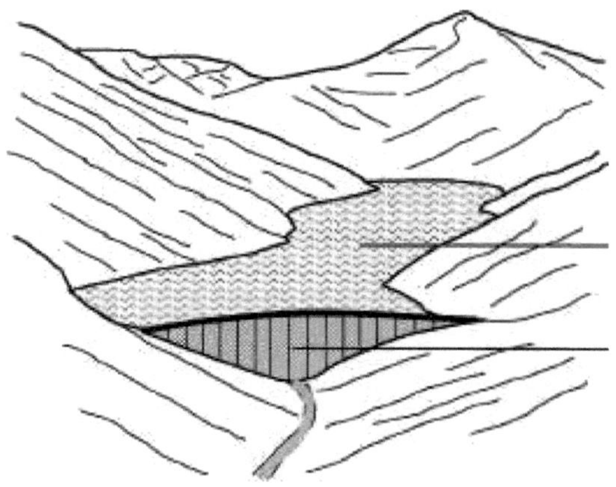

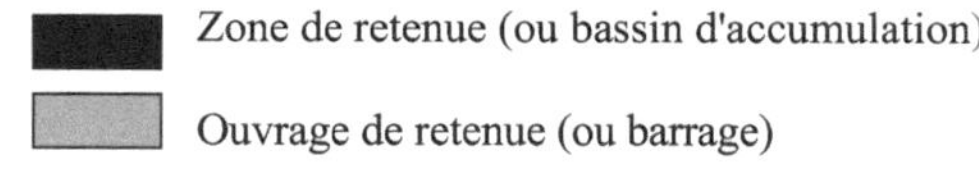

Figure I-1 : Schéma d'un ouvrage d'accumulation et de ses composantes

I-2 Classification des barrages

Les barrages peuvent être classée en fonction de leur conception générale ou regard de la sécurité.

A- Classement selon le type de barrage

- Barrage en maçonnerie ou en béton
- Barrage en remblai
- Barrages mobiles et digues latérales

B- Classement selon la sécurité (exemple de la réglementation française)

- Barrage intéressant la sécurité publique
- Barrage soumis à plan particulier d'intervention
- Barrage d'importance moyenne

I-2-1 Classement selon le type de barrage

Le comportement des barrages et donc les modes de surveillance et d'auscultation qui doivent être mis en ouvre dépendent de leur conception générale (matériaux utilisés, mode de résistance à la poussée hydrostatique, position et nature de l'étanchéité, ...). Celle-ci est

Généralement dictée par la morphologie du site, les matériaux disponibles, la nature et la qualité du sol de fondation.

Les matériaux utilisés pour construire les barrages sont principalement :

- Des matériaux rigides : maçonnerie, béton armé, béton compacté au rouleau.
- Des matériaux meubles : remblai en terre ou enrochement.

A l'échelon mondial, 85 % des barrages sont en matériaux meubles.

I-2-1-1 Barrages en maçonnerie ou en béton

A la maçonnerie utilisée depuis fort longtemps, a succédé le béton. Généralement en béton de masse parfois en béton cyclopéen, les ouvrages ne font appel au béton armé que pour les voûtes de faible épaisseur ou pour les structures des ouvrages hydrauliques. Depuis quelques années, le béton compacté au rouleau (BCR) offre des solutions économiquement compétitives grâce à une mise en œuvre simplifiée.

I-2-1-1-1 Barrage-poids

La stabilité des barrages-poids sous l'effet de la poussée de l'eau est assurée par le poids de la tranche de barrage considéré, ils peuvent être en maçonnerie ou en béton, en maçonnerie hourdée à la chaux pour les plus récents.

Cette forme de barrage convient bien pour des vallées plutôt larges ayant une fondation rocheuse.

Ils sont généralement découpés en plots à la construction, l'étanchéité entre plots étant assurée par un dispositif placé à l'amont des joints.

Toutes les formes de profil se rencontrent, depuis la forme rectangulaire simple pour les plus petits à la forme triangulaire en passant par des formes audacieuses plus élancées dans la partie supérieure.

Au siècle dernier, les maîtres d'œuvre ont cherché à économiser de la matière en raidissant progressivement les parements. Ils ont donné une forme légèrement courbe au tracé en plan du barrage de manière à permettre les mouvements de la structure en évitant l'ouverture des joints, notamment en hiver.

Les formes les plus fréquentes des barrages-poids modernes sont des profils triangulaires qui se redressent en partie supérieure pour supporter la route de couronnement. Le parement amont est souvent vertical ou avec fruit très faible.

On peut distinguer les barrages pour lesquels les fonctions poids et étanchéité sont assurées de manière conjointe. Comme les barrages en maçonnerie « homogène » (bien que le parement amont soit souvent mieux appareillé et/ou recouvert d'un enduit).

La stabilité des barrages-poids repose essentiellement sur leur fruit et sur l'efficacité du drainage qui met le massif poids à l'abri des sous –pressions.

Leur inconvénient majeur est de ne pas utiliser pleinement les capacités du matériaux constituant la partie résistante du barrage (maçonnerie ou béton) à supporter des efforts importants de compression. Il est donc venu rapidement à l'idée des projeteurs de supprimer du béton superflu en allégeant la structure,en créant des arcades ou des riches sur le parement aval, en réduisant la surface d'assise au sol.

Lorsque ces élargissements descendent jusqu'à la fondation, il en résulte une augmentation des contraintes appliquées au sol de fondation. Mais la réduction de la surface se traduit par un meilleur drainage de ce contact. Les sous-pressions dangereuses pour la stabilité de l'ouvrage sont alors limitées.

Pour certains barrages en rivière, les vannes représentent une part importante du parement amont. La structure résistante est alors limitée au socle d'assise et aux contreforts entre vannes.

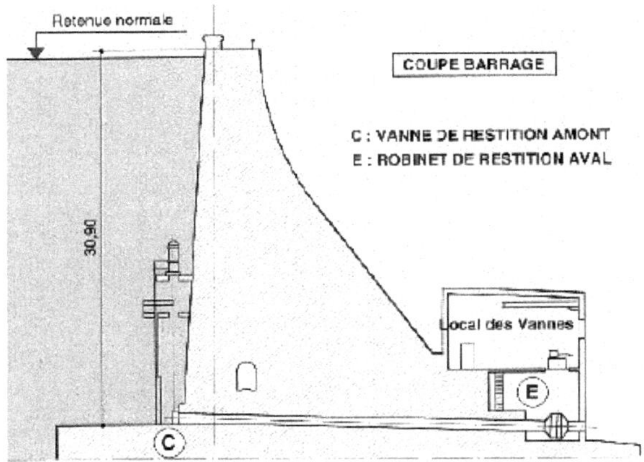

Figure I-2 : coupe du barrage en béton poids

Comportement

Les barrages-poids sont des structures peu déformable et peu sensibles, en exploitation, aux phénomènes thermiques.

Classiquement, les calculs de stabilité distinguent deux rupture potentielles, soit par glissement des plots, soit par basculement des plots sur leur pied aval. La surface de rupture peut être interne au barrage ou correspondre au contact avec la fondation.

L'auscultation des barrages –poids comporte essentiellement :

- Le suivi des déplacements de la structure ;
- Le suivi de sous-pressions en fondation et au contact béton rocher ;
- Le suivi des fuites ou débits de drainage.

Dans la mesure où le matériaux béton peut connaître un phénomène de gonflement, notamment par alcali-reaction, le dispositif d'auscultation peut être complété par des mesures de nivellement ou toute autre mesure permettant de mettre en évidence une augmentation de volume ou des mouvements différentiels (par exemple entre plots).

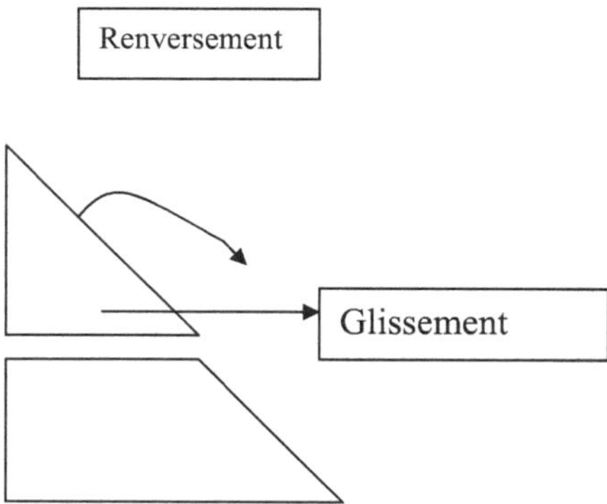

Figure 2 : les deux cas de rupture potentielle des barrages en poids

I-2-1-1-2 Barrages-voûtes

Les barrages voûtes sont déformables, sensibles à la poussée hydrostatique comme aux effets thermiques. L'auscultation comporte essentiellement :

- Des mesures de déplacement ;
- Des mesures de fuites ou de drainage dans la fondation ;
- Des mesures de pression d'eau sous les voûtes épaisses ;
- Des mesures de pression d'eau dans les fondations ;
- Un suivi de la fissuration.

Des mesures de déformations élémentaires peuvent être justifiées pour déterminer l'orientation et la répartition des contraintes principales.

Un problème fréquemment rencontré sur les voûtes et plus particulièrement sur les voûtes en site large est celui de la fissure de pied amont. Sous la poussée hydrostatique, des tractions apparaissent en pied amont. Ces tractions se traduisent par un décollement du contact béton roche et/ou par l'ouverture de joint dans la fondation rocheuse, ce qui permet aux sous-pressions de progresser vers l'aval.

I-2-1-1-3 Barrage à contreforts

Les barrages à contreforts ont un comportement analogue à celui des barrages poids. Ils sont cependant plus sensibles aux phénomènes thermiques du fait de l'amincissement des structures et de la plus grande surface en contact avec l'air ambiant.

Du fait leur « minceur », les contreforts peuvent avoir des déplacements de rive.

Le dispositif d'auscultation est généralement de rive à rive.

Le dispositifs d'auscultation est généralement composé de :

- Mesures des déformations d'ensemble de la structure et de certains contreforts sélectionnés ;
- Mesure de fuites qui comprennent à la fois le suivi des fuites de la structure (suintement sur des reprises, …) mais aussi des fuites de la fondation, notamment au fond des alvéoles entre les contreforts, là où les gradients hydrauliques en fondation sont importants ;
- Mesures piezométriques à l'aval du barrage et entre les contreforts ;

- Suivi de la fissuration due notamment à réduction des volumes de béton et à la traction dans les contreforts.

L'un des problèmes majeurs des barrages à contreforts est celui de l'étanchéité et du vieillissement des structures. En effet, elles sont souvent fines donc déformables et s'appuient sur leur périphérie sur des structures plus rigides ; il s'ensuit le plus souvent des fissuration, notamment au droit des variations de forme et d'inertie, et donc des infiltrations qui peuvent mettre en jeu leur pérennité, surtout si elles comportent des armatures.

Le second problème est celui de l'étanchéité du pied du barrage et plus particulièrement de la fondation rocheuse superficielle.

Enfin, il s'agit d'ouvrages présentant une certaine sensibilité aux hétérogénéités éventuelles de la fondation.

I-2-1-2 Barrage en remblai

Les différents types de barrages en remblai se distinguent essentiellement par la façon d'assurer la fonction d'étanchéité de l'ouvrage.

Ce choix est la plupart du temps dicté par la nature, les propriétés et les quantités de matériaux disponibles sur place ou à faible distance du site et qui sont les seuls économiquement utilisables.

Parmi ces différents types de barrages en remblai on peut citer :

I-2-1-2-1 Barrage en terre homogène

Les barrages en terre homogène connaissent des tassements. Ils sont par ailleurs soumis à des écoulements permanents.

Les principaux désordres potentiels sont les glissements circulaires liés à des pressions interstitielles non dissipées, les phénomènes d'érosion liés à une submersion, les renards ou conduits d'érosion interne, la fracturation hydraulique, la liquéfaction du matériaux soumis à une secousse sismique.

Le risque d'apparition d'un renard est important le long des conduites traversantes (amont aval) ainsi qu'au contact avec la fondation, tout particulièrement lorsque celle-ci est rocheuse et surtout fissurée.

Le suivi les barrages en terre homogène est assuré par :

- Des mesures de déformation ;
- Des mesures de pression interstitielle dans le corps de digue et dans la fondation ;
- Des mesures des débits lorsque les fuites sont identifiées et susceptibles d'être captées ;
- Un suivi des entraînements de matériaux.

Une des difficultés dans l'interprétation des résultats de mesures est due au fait que la réponse des appareils d'auscultation aux sollicitations extérieures notamment la charge hydraulique, n'est pas immédiate mais dépend de l'emplacement de l'appareil et de la perméabilité du matériau qui l'entoure.

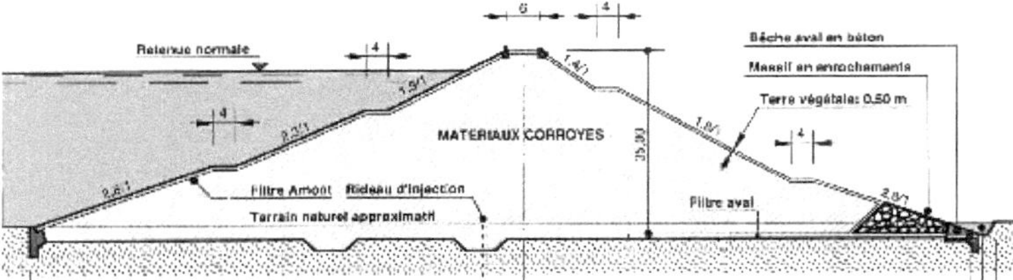

Figure I-4 : coupe d'un barrage en remblai

I-2-1-2-2 Barrage zonés

Le comportement des barrages zonés sont voisins de celui des barrages en terre homogène. Ils peuvent en outre connaître des tassements différentiels entre le noyau et les recharges amont et aval, susceptibles d'entraîner des claquages hydrauliques dans le noyau.
Par contre, les lignes d'écoulement épargnent, en principe, le parement aval.

Le suivi du comportement des barrages zonés se traduit par une surveillance :

- Des déformations en parement ou en crête ;
- Des déformations internes ;
- Des mesures de pression interstitielle notamment dans le noyau mais également dans les recharges (surtout dans la recharge aval) ;
- Des mesures des fuites et de drainage (en recherchant une séparation des débits selon leur provenance) ;

- Un suivi des entraînements de matériaux.

Comme pour les barrages en terre homogène, la réponse différée des appareils d'auscultation aux sollicitations extérieures complique l'interprétation des résultats d'auscultation.

I-2-1-2-3 Barrage à masque

Les barrages à masque ont, sur le plan mécanique, le même comportement que les autres barrages en remblai à savoir qu'ils se tassent sur eux-mêmes sous l'effet de leur poids propre, de la poussée hydrostatique ainsi que des déformations de la fondation. Il convient donc de suivre leur déformation et de veiller à ce que celle-ci demeure compatible avec la déformabilité du masque notamment à sa périphérie. Sur le plan hydraulique, par contre, les pressions interstitielles doivent être nulles et les fuites faibles.

Ces ouvrages sont auscultés :

- Par des mesures de fuites (en distinguant celles provenant de la fondation de celles résultant d'infiltration au travers du masque) ;
- Des mesures de déformations et notamment de tassements ;
- Un suivi de l'état du masque.

I-2-1-3 Barrages mobiles et digues latérales

Par digue latérale, on entend un ouvrage intégré à un aménagement en rivière qui comporte notamment un barrage mobile. Les digues latérales permettent donc de surélever le plan d'eau au-dessus du terrain naturel et de créer une zone de retenue permanente. L'aménagement doit être considéré comme un tout (Figure 3).

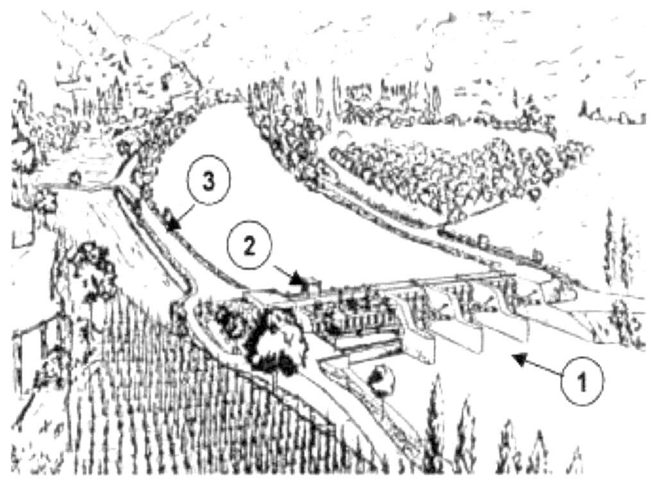

Figure 3: Schéma d'un barrage mobile et des ses composantes.

Avec : 1 Partie mobile, 2 Usine ; 3 Digues latérales

I-2-2 Classement selon la sécurité (cas de la réglementation française)

Tous les barrages sont donc concernés par la réglementation mais il existe selon les ouvrages et leurs dimensions des règles particulières.

I-2-2-1 Barrage intéresse la sécurité publique

Intéressant la sécurité publique, c'est-à-dire ceux dont la rupture éventuelle aurait des répercussions graves pour les personnes.

Les barrages dont la hauteur au-dessus du terrain naturel est supérieure à 20m. pour les autres barrages (selon le Comité Technique Permanent Des Barrages CTPB) , il n'existe pas de règle précise sur les critères à prendre en compte pour déterminer si un barrage intéresse ou non la sécurité publique. La hauteur du barrage, le volume de la retenue et la présence d'habitations à l'aval du barrage font naturellement partie de l'analyse qui est à faire au cas par cas.

I-2-2-2 Barrage soumis à plan particulier d'intervention

Pour certains aménagements hydrauliques qui comportent à la fois un réservoir d'une capacité supérieure ou égale à 15 million de mètre cube et un barrage d'au moins 20m de hauteur au dessus du terrain naturel. Les barrages soumis PPI (plan particulier d'intervention), sont donc des barrages intéressant la sécurité publique.

I-2-2-3 Barrage d'importance moyenne

Les barrages n'intéressant pas la sécurité publique et de moyenne importance sont des barrages de moins de 10 m de hauteur au-dessus du terrain naturel.

I-2-2-4 Classification algérienne des barrages

En Algérie, la classification des barrages est assez simplifiée. Elle est définie par la décision n° 14/SPM/DEC/DGAIH/93 du 28 Février 1993 du Ministère de l'Equipement.

En vertu de ce texte, les barrages algériens sont classées en deux catégories:

I-2-2-4-1 Catégorie 1:

Barrages d'une capacité supérieure à 10 millions de m3, quelle qu'en soit la hauteur.

I-2-2-4-2 Catégorie 2:

Barrages d'une capacité comprise entre 1 et 10 millions de m3 et d'une hauteur égale ou supérieure à 20 m.

Le texte dispose par ailleurs que le Ministère de l'Equipement peut déroger à cette classification pour des considérations techniques particulières.

Chapitre II : Les causes de rupture des barrages.

II-1 Causes de détérioration et de rupture des barrages

Plusieurs causes peuvent être a l'origine de la détérioration ou de la ruine d'un barrage, et le recueil de données sur les incidents et rupture du barrage le plus complet reste toujours le rapport du comité **ADHOC** de la **CIGB (Comité International des Grands Barrages)**. Ce rapport, qui utilise un système de classification de 216 causes ou type de détérioration affectant les barrages en béton, les barrages en maçonnerie, les barrages en remblai, les ouvrages annexes et les retenues ; est le seul à établir une liste exhaustive de toutes les causes qui peuvent être à l'origine de cette détérioration ou de cette rupture.

La classification utilisée par le rapport permet une étude statistique très complète ; les personnes confrontées à un cas de détérioration peuvent ainsi se rapporter à des cas de détérioration de même nature. En résumant les résultats statistiques, on peut dire que les deux causes principales sont : le déversement par-dessus le barrage et la rupture des fondation.

Ce qui suit n'est qu'une liste (non exhaustive) des quelques principales causes de rupture et de détérioration.

II-1-1-Rupture des barrages en remblai

Les ruptures des barrages en remblai ont pour causes principales :

- ✓ Le déversement par-dessus le barrage, pendant une crue, résultant d'un sous dimensionnement de l'évacuateur de crue ou du non fonctionnement des vannes.
- ✓ L'érosion interne le long du contact avec la fondation, ou le long du contact du remblai avec les ouvrages annexes adjacents ou noyés dans le remblai, ou le renard dans le remblai lui-même par suite de filtre inadapté ou inexistant ;
- ✓ Les tassements importants dans la fondation ;
- ✓ Les fissures dues au tassement, provoquant des renards ;
- ✓ La liquéfaction ;
- ✓ Les hétérogénéités dans la fondation ou le barrage, provoquant une rupture de la fondation, ou l'érosion et la suffusion ;

II-1-2-Rupture des barrages en béton

Les ruptures des barrages en béton ont pour causes principales :

- ✓ L'insuffisance de résistance aux cisaillement et les discontinuités dans la fondation ;
- ✓ La sous-pression excessive dans la fondation, par suite de l'insuffisance ou l'absence de drainage ;
- ✓ Le défaut de stabilité du barrage ;
- ✓ Le manque de dispositions pour faire face aux déformations excessives ou différentielles de la fondation ;
- ✓ Le renard et l'érosion dans la fondation, causés par une perméabilité élevée.

Les causes de rupture citées en haut (pour les deux principaux types de barrages) tiennent surtout à la nature même des éléments mis en conjugaison ; pour former ce qu'on appelle par aberration « barrage ». Ces éléments ne sont entre autres que l'eau, la fondation, la terre, ou le béton, ou les roches, les rives. A la limite on peut dire qu'on ne peut rien faire contre leurs défaillances, ou contre leurs limites de résistances, ou contre leurs solubilités dans l'eau ...etc ; ce qui n'est pas de même pour l'erreur humaine.

En effet, des recherches ont montré que dans plusieurs cas de ruptures de barrages, notamment les petits barrages, que ces derniers n'avaient pas été étudiés par des ingénieurs compétents, ou que leur construction avait été mal dirigée. Dans d'autres cas les travaux n'avaient pas été exécutés par des entrepreneurs compétents. La plupart des barrages accidentés ne comportaient pas de dispositifs d'auscultation ou d'alerte, ou s'ils les possédaient, ces dispositifs ne fonctionnaient pas. Dans certains cas, il y a eu erreur humaine pendant les reconnaissances du site et l'étude du projet, pendant la construction ou pendant l'exploitation (par exemple, reconnaissances insuffisantes des fondations, données incomplètes sur les matériaux disponibles, mauvais projet, négligence dans la direction des travaux, première mise en eau mal suivie, mauvaise exploitation des vannes de l'évacuateur de crue, auscultation et analyse des résultats insuffisantes, ou absence de mesures préventives ou de travaux de réparation). Dans un grand nombre de cas, la prise en compte de ces divers problèmes aurait pu éviter la rupture.

La rupture d'un barrage est, en général, un phénomène complexe qui prend naissance normalement à partir d'une anomalie dans le comportement du barrage (défaut initial), qui n'a pas été décelé à temps. La détérioration, souvent non observée, conduit alors à des dommages ou même à une catastrophe. C'est pourquoi l'inspection et l'auscultation des barrages, ainsi que l'analyse et l'interprétation rapides des résultats, jouent un rôle de tout premier ordre en matière de sécurité de barrage.

II-2 Modes de rupture

Du point de vue des conséquences hydrauliques et de manière générale, les deux grands modes de rupture d'un barrage sont :

- La rupture brutale : effacement « instantané » (rapide à l'échelle de temps de la vidange de la retenue) d'une partie significative de la digue.
- La rupture par érosion pouvant être initiée par une submersion de la crête (création d'une brèche), ou une érosion interne du corps de digue (renard). Il s'agit d'un phénomène lent, contrôlé par l'écoulement dans la brèche et l'érosion du barrage qu'il induit, surtout envisageable pour une digue en remblais.

Ci-après sont exposés les scénarios de rupture les plus probables et/ou plus dommageables pour les deux grands types de barrage.

II-2-1 Rupture brutale par glissement en masse suite à un séisme

Le cas d'un séisme provoquant une faille horizontale en tête de barrage aurait très probablement comme conséquence un effacement instantané du 1/3 supérieur du barrage. Cela correspondrait à une rupture brutale qui constituerait un scénario fort dommageable.
Un autre cas de figure moins dommageable consécutif à un séisme serait le glissement ou une fissure sur plan horizontal en pied. Ce cas serait analogue au cas de l'érosion interne due à un défaut de drainage.

II-2-2 Erosion par déversement sur la crête pour une crue extrême

Ce cas se produirait lors d'une submersion de la crête du barrage en raison d'une insuffisance ou d'une obstruction de l'évacuateur de crue. Ceci aurait comme conséquence une érosion lente du barrage.
Un scénario semblable pourrait être provoqué par la génération d'une vague engendrée soit par une avalanche, une chute de blocs ou un glissement de versant.

Ce scénario est particulièrement dommageable pour les barrages en remblais.

II-2-3 Erosion interne due à un défaut de drainage

Un défaut de drainage et une mise sous pression de la partie inférieure du barrage pourraient engendrer un glissement du barrage générant des fissures. On peut considérer que ce scénario soit moins dommageable car il provoquerait une lente vidange du barrage par les fissures qui, si elles sont détectées à temps, peuvent servir à transmettre l'alerte et ordonner une vidange du barrage.

II-2-4 Attentat ou sabotage

Le scénario d'un attentat ou d'un sabotage ne peut pas être complètement écarté. Le cas le plus dommageable serait le tir d'un missile dans le 1/3 supérieur du barrage ou d'un sabotage interne à partir des galeries engendrant un effacement instantané du 1/3 supérieur. Ceci correspond donc au cas d'une rupture brutale du barrage

II-3 La sécurité réelle des barrages en remblai vis-à-vis des crues

Il y a dans le monde environ 30.000 grands barrages en remblai. Les statistique de rupture publiées par le **CIGB,** ne concernant pas la Chine ni l'ex- URSS, ne s'appliquent qu'a 12.000 de ces barrages. Depuis une vingtaine d'années, plus de la moitié des ruptures correspondantes résultent de la submersion due à un sous dimensionnement du déversoir, à un mauvais fonctionnement des vannes ou à la submersion due à l'onde de la crue.

Il est actuellement question :

- ✓ D'analyser en fonction de l'age et des caractéristiques des ouvrages les taux de ruptures constatés et de les comparer aux prévisions initiales et aux normes actuelles de sécurité.
- ✓ De chercher à expliquer les résultats trouvés
- ✓ D'en tirer les conséquences pour les barrages existants ou futurs.

II-3-1 Analyse des ruptures passées

II-3-1-1 Barrages construits avant 1950

L'examen des projets d'un grand nombre des barrages en terre ayant subit des dégâts et des destructions a permis de mettre en lumière les causes de ces catastrophes.

La submersion du barrage par les eaux de la retenue par suite d'un dimensionnement insuffisant des organes évacuateurs de crues est la cause la plus fréquente de rupture des ouvrages. Viennent ensuite les destructions par infiltration dans le massif ou dans le terrain d'assise qui lorsqu'elles se produisent à des vitesses dangereuses, sont la cause de formation de renard amenant à coup sûr la ruine du barrage. Un certain nombre de destructions sont également imputables à l'insuffisance de cohésion des matériaux de fondation ou des matériaux du massif eux-mêmes. Des tels désordres ne se produisent le plus souvent et fort heureusement que pendant la période de construction, car généralement la cohésion du massif et du terrain d'assise ne fait qu'augmenter dans le temps en même temps que le tassement et la consolidation de l'ensemble du système.

II-3-1-2 Barrages construits après 1950

Il s'agit (hors la chine et l'ex- URSS) de 9.000 barrages correspondent une douzaine de ruptures par submersion réparties sur 4 continents et une douzaine de pays, soit à peu prés $0.6*10^{-4}$ de taux de rupture. Beaucoup de ces ouvrages avaient été dimensionnés en fonction d'une crue de projet correspondant à une période de retour de quelques milliers d'années pour les grands ouvrages, généralement de 2 à 1000 ans pour les ouvrages de faibles dimensions.

Le taux de rupture ne parait pas varier beaucoup en fonction de la hauteur des ouvrages, et si y a eu un peu plus d'une rupture en moyenne pour 1.000 barrages, il y a eu 2 ruptures de barrages de plus de 60m pour environ 500 ouvrages, mais aucune rupture parmi les 150 ouvrages dépassant 100m.

Le taux de rupture parait augmenter fortement en fonction de l'importance du réservoir, car les réservoirs de plus de 10 millions de m^3 représente un tiers des ouvrages mais deux tiers des ruptures.

Il en est de même des ouvrages vannées qui ne représentent que le quart des ouvrages représentent plus de la moitié des ruptures, les ouvrages vannés correspondent essentiellement d'ailleurs aux débits importants, c'est-à-dire aux grands bassins versants.

Le taux de rupture des ouvrages importants notamment s'ils sont vannés, est donc supérieur à 10^{-4} et atteint $2*10^{-4}$ si l'on ne tient pas compte des Etats-Unis, du même ordre de grandeur que les crues de projet de ces ouvrages, soit pour beaucoup d'entre eux un risque très supérieur à celui que l'on préconise pour un ouvrage équivalent.

Par contre, on enregistre un taux de rupture faible sur les nombreux ouvrages non vannés situés sur des bassins versants de moins de 100 km^2, alors que les crues de projet correspondantes ont généralement des périodes des retour inférieures à 1000 ans, pour beaucoup de ces ouvrages la probabilité de rupture parait même inférieure à ce que l'on préconise pour un ouvrage neuf équivalent.

Beaucoup d'ouvrages projetés depuis 1950 ont été dimensionnés sur la base d'une crue de projet par rapport à laquelle la revanche ou le stockage ménagent une certaine marge de sécurité. D'après les statistiques de rupture, cette marge, en moyenne très importante pour des ouvrages non vannés situés sur des bassins versants modérés, semble par contre faible pour beaucoup de grands ouvrages, surtout s'ils sont vannés.

Les tableaux suivants donnent la liste des principaux barrages ayant souffert de désordres a travers le monde avant 1950 et après pour les deux principaux types de barrages.

II-4 Exemple de rupture des barrages dans le monde

Barrages Poids (béton ou maçonnerie)

Pour la hauteur inférieure à 30 m on a 11 ruptures constatées sur 400 barrages construits avant 1930, et une rupture enregistrée sur 1500 barrages construits après 1930.

Pour la hauteur supérieure à 30 m on a 11 ruptures constatées sur 350 barrages construits avant 1930, aucune rupture enregistrée sur 1500 barrages construits après 1930.

Rupture au premier remplissage

Nom de barrage	Pays	Année de rupture	Année d'ach-èvement	Hauteur (m)	Longueur (m)	Volume de retenue (hm^3)	Comme-ntaires	Nombre de victime
Austin I	USA	1893	1893	18	330	/	Maçonnerie	?
Bayless	USA	1911	1909	16	160	1.3	béton	80
Granadillar	Espagne	1934	1930	22	170	0.1	Maçonnerie	8
Puentes	Espagne	1802	1791	69	291	13	Maçonnerie	600
Cheurfas	Algérie	1885	1884	42	/	17	Maçonnerie	10
Elwaha River	USA	1912	1912	33	135	9	Maçonnerie	0
Kundli	Inde	1925	1924	45	160	1.3	Maçonnerie	?
St francis	USA	1928	1926	62	213	47	béton	450

Rupture en service :

Nom de barrage	Pays	Année de rupture	Année d'ach-èvement	Hauteur (m)	Longueur (m)	Volume de retenue (hm^3)	Comme-ntaires	Nombre de victime
Sig	Algérie	1885	1858	21	/	3	Rupture du barrage amont	10
Bouzey	France	1895	1880	22	520	7	Maçonnerie	100
Angels	USA	1895	-	15	120	/	Maçonnerie	1
Elmalai	Turkie	1916	1893	23	298	1.7	Maçonnerie -Rupture par crue	?
Tigra	Inde	1917	1917	25	1340	124	Maçonnerie -Rupture par crue	1000
Elguiau(W)	GB	1925	1908	12	1000	4	béton	10
Zerbino	Italie	1935	1924	16	70	10	-béton -Rupture par crue	100
Pagara	Inde	1943	1927	27	1440	100	Maçonnerie -Rupture par crue	?
Chikkahole	Inde	1972	1966	30	670	11	Maçonnerie -Rupture par crue	?
Fergoug I	Algérie	1881	1871	33	300	30	Maçonnerie -Rupture par	200

							crue	
Fergoug II	Algérie	1927	1885	43	300	30	Maçonnerie -Rupture par crue	0
Mohne(war) (X)	Allema-gne	1943	1913	40	/	134	Maçonnerie	1200
Eder (war) (X)	Allema-gne	1943	1914	48	400	200	Maçonnerie	100 ?
Xuriguera	Espagne	1944	1902	42	165	1.1	Maçonnerie -Rupture par crue	7
Khadakwasla	Inde	1961	1879	33	1400	137	Rupture du barrage amont	1000

Barrages voûtes

Rupture au premier remplissage

Nom de barrage	**Pays**	**Année de rupture**	**Année d'ach-èvement**	**Hauteur (m)**	**Longueur (m)**	**Volume de retenue (hm^3)**	**Comme-ntaires**	**Nombre de victime**
Vaugn Creek	USA	1926	1926	19	95	?	/	/
Malpasset	France	1959	1954	66	222	47	/	420

Rupture en service :

Nom de barrage	**Pays**	**Année de rupture**	**Année d'ach-èvement**	**Hauteur (m)**	**Longueur (m)**	**Volume de retenue (hm^3)**	**Comme-ntaires**	**Nombre de victime**
Rutte (X)	Italie	1965	1952	15	/	0.3	Voûtes multiple	-
leguaseca	Espagne	1987	1958	20	70	0.1	Voûtes multiple	7

Barrage en remblai

Rupture par submersion pendant la construction : avec H : la hauteur de l'eau lors de la rupture.

1-**Pour H<30m :** on a 2000 barrages construits avant 1930, et 7000 barrages construits après 1930.

Nom de barrage	Pays	Année de rupture	Hauteur (m)	Longueur (m)	Volume de retenue (hm^3)	Commentaires	Nombre de victime
Owen	USA	1915	17	247	60	terre	/
Blyderiver	Sud-africain	1924	21	340	2.2	terre	/
Paris(X)	USA	1930	17	/	/	/	/
Cheoha Creek (X)	USA	1970	28	/	11	/	/
Elansdrift	Sud-africain	1975	28	600	3.2	Terre	10

2-**Pour H>30m :** On a 150 barrages construits avant 1930, et 2800 barrages construits après 1930.

Nom de barrage	Pays	Année de rupture	Hauteur (m)	Longueur (m)	Volume de retenue (hm^3)	Commentaires	Nombre de victime
Panchet	Inde	1961	51	740	214	terre	1000
Sempor	Indonésie	1967	60	228	56	enrochement	200
S .Tomas	philippine	1976	43	/	/	/	80
Little field (X)	USA	1929	37	91	/	enrochement	/
Hans Strydom (c)	Sud-africain	1980	57	525	150	/	/
Xonaxa	Sud-africain	1974	48	300	158	terre Enrochement	/
Odiel	Espagne	1970	65	530	68	/	/

Rupture en service par submersion

Nom de barrage	**Pays**	**Année de rupture**	**Année d'achèvement**	**Hauteur (m)**	**Longueur (m)**	**Volume de retenue (hm^3)**	**Commentaires**	**Nbr de victime**
Torside	GB	1855	1854	31	270	6.7	Terre défaillance de déversoir	/
Sales de Oliveria	Brézil	1977	1958	40	660	25	Terre Rupture de barrage amont	/
Tous	Espagne	1982	1980	77	780	50	Enrochement Non fonctionnement des vannes	20
Rincon (X)	Paraguay	1959	1945	50	1100	9000	/	/
Machu	Inde	1979	1972	26	3900	101	Terre Non fonctionnement des vannes	2000

Rupture au premier remplissage par érosion interne

Nom de barrage	**Pays**	**Année de rupture**	**Année d'achèvement**	**Hauteur (m)**	**Longueur (m)**	**Volume de retenue (hm^3)**	**Commentaires**	**Nombre de victime**
Dale	GB	1863	1863	29	380	3.2	enrochement	230
Mena	chile	1885	1888	17	200	0.1	Terre	100
Battle River	Canada	1956	1956	14	550	15	enrochement	/
Littel Deer Creek	USA	1963	1962	26	110	1.8	Terre	1
Jennings Creek	USA	1964	1960	17	110	0.3	enrochement	/
Kedar Nala	Inde	1964	1964	20	/	17	Terre	/
Sheep Creek	USA	1970	1969	18	330	1.4	Terre	/
Manivali	Inde	1976	1975	18	330	1.4	Enrochement	/
Mafeteng	Lesotho	1988	1988	23	500	?	enrochement	/

Rupture en service par érosion interne

Nom de barrage	**Pays**	**Année de rupture**	**Année d'achèvement**	**Hauteur (m)**	**Longueur (m)**	**Volume de retenue (hm^3)**	**Commentaires**	**Nombre de victime**
Caulk Lake	USA	1973	1950	20	134	0.7	Terre	/
Weatland	USA	1973	1960	13	2000	11	/	/
Embalse	Chile	1984	1979	42	220	60	Terre	00
Ruahihi	New Zealand	1981	1981	32	67000	31	Enrochement	/
Ghattara	Libye	1977	1972	38	217	5.5	Terre	00
Quail Creek	USA	1988	1984	24	610	50	Terre	00
Kantale	Srilanka	1986	1989	27	2500	135	Terre	127
Hinds Lake	Canada	1982	1980	12	5200	7500	Terre	00
Walter Bouldin	USA	1975	1967	51	2263	/	Terre	00

Source: Hydrocoop Publications

Figure II-1 : rupture d'un barrage en béton

Chapitre III : **Démarche de calcul de l'onde de submersion**

III-1 Généralité sur l'onde submersion

On appelle onde matérielle, une onde qui se propage dans un milieu en le déformant. La propagation de l'onde est due, dans ce cas, à la transmission du mouvement par les molécules du milieu de propagation.

La vitesse de propagation d'une onde dépend de la nature de cette onde et du milieu dans lequel elle se propage.[Graf & Altinakar ,(1993)], [Traoure,& Dialo, (2001)], [Zenzane, & Maamare,(2003)]

III-1-1 Différents types d'ondes et d'ordres de grandeurs

III-1-1-1 Onde de gravité

Dans un canal, un écoulement non uniforme dans le temps se manifeste par une onde de gravité à la surface libre (figure 1.2). la théorie hydrodynamique pour les ondes de faible amplitude, donne pour la vitesse apparente de propagation, également appelée célérité d'une intumescence :

$$c^2 = \frac{gL}{2\Pi} tg(h\frac{2\Pi}{L}) \qquad 1\text{-}1$$

Où, h représente la profondeur d'eau.

Dans le cas où a célérité d'onde ne dépend pas de la hauteur d'onde, h, la formule (1-1) se réduit alors à :

1. Pour les ondes courtes ou ondes de grande profondeur, (L /h<1), on a :

$$c^2 = \frac{gL}{2\Pi} \qquad 1\text{-}2$$

2. Pour les ondes longues ou ondes de faible profondeur, (L/h>>1), on a :

$$C^2 = gh \qquad 1.3$$

3. Pour une section quelconque ; on a :

$$C^2 = gD_h \quad 1.4$$

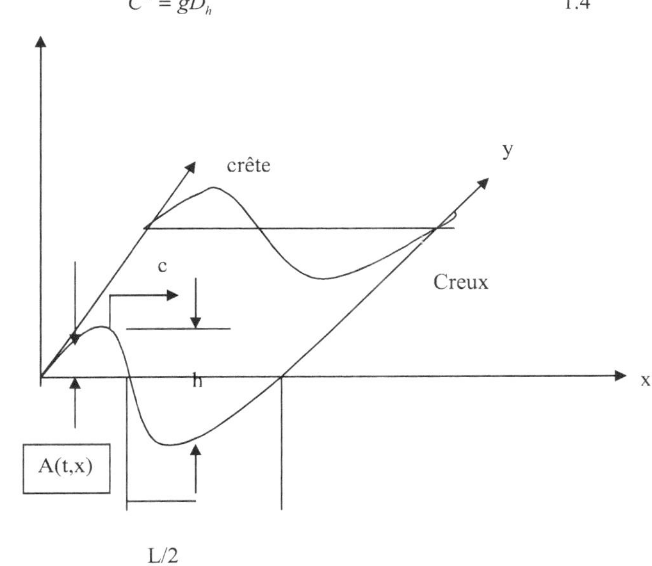

Figure III.1 : Schéma d'une onde dans un canal.

III-1-1-2 Ondes capillaires

Elles sont très petites (L<1.74 cm) et produites par le vent et les effets de tension de surface. Contrairement aux ondes de gravité, ce sont les ondes de petites longueurs d'ondes qui se propagent le plus vite.

III-1-1-3 Ondes générées par les séismes

Elles sont produites par les déplacements de la croûte terrestre.

III-1-2 Ecoulement avec onde

La formule (1.3) a été démontrée par Lagrange pour un canal rempli d'eau au repos.

Elle reste valable aussi pour le cas où l'eau est plus au moins en mouvement ; l'onde se superpose à ce courant.

La célérité absolue, C_W , d'onde pour un écoulement dans un canal ayant une vitesse moyenne, V, est :

$$C_W = V + \sqrt{gD_h} = V + C \qquad 1.5$$

Pour un canal de section rectangulaire :

$$C_W = V - \sqrt{gD_h} = V - C \qquad 1.6$$

La célérité absolue, C_W , qui est la vitesse par rapport au sol, a évidement deux valeurs :

$$C'_W == V + C \qquad 1.7$$

$$C'_W == V - C \qquad 1.8$$

On distingue trois cas :

1. V<C, l'onde avec la célérité, C'_W , se propage vers l'aval et l'onde avec la célérité, C''_w ,se propage vers l'amont ; c'est le « régime fluvial »,(figure III.2)

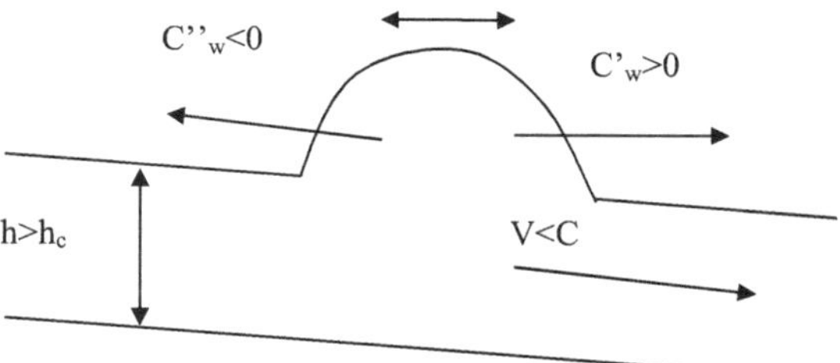

Figure III.2 : Représentation schématique des deux valeurs de l'onde (cas fluvial)

1. V>C, l'onde avec la célérité, C'_w, et l'onde avec la célérité, C''_w, se propagent vers l'aval ; c'est le régime torrentiel (figure 1.4)

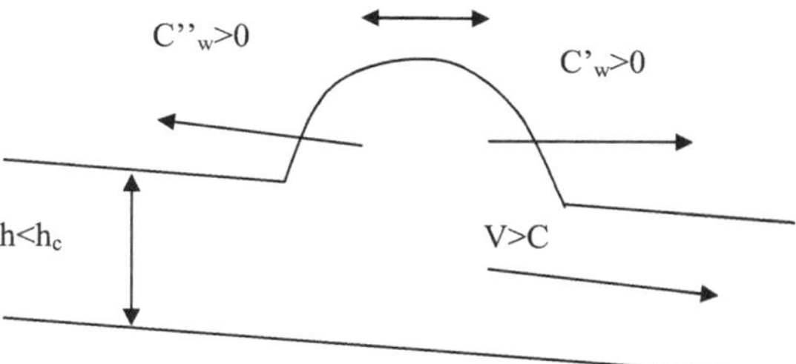

Figure III.3 : Représentation schématique des deux valeurs de l'onde (cas torrentiel)

3. Dans le cas où la vitesse de courant, V, et la célérité d'onde, C, sont égales ; on a :

$$V = C = \sqrt{gh_c} \qquad 1.9$$

L'écoulement est en « régime critique », et h_c représente la profondeur critique :

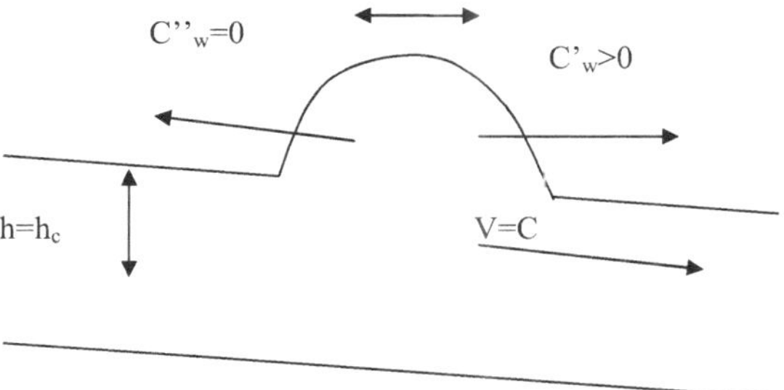

Figure III.4 : Représentation schématique des deux valeurs de l'onde (cas critique)

III-1-3 Interférences

Ce phénomène apparaît lorsque deux trains d'ondes se rencontrent. L'interférence peut être :

- Constructive : les ondes sont en phase et s'ajoutent ;
- Destructive : les ondes sont en opposition de phase et l'onde résultante est la différence de celles-ci ;
- Autre (en général) : Combinaison des 2 premières

III-1-4 Phénomènes entraînant un changement de direction des ondes pendant leur propagation

III-1-4-1 Réfraction

La réfraction est produite par le fond, lorsque le front d'onde incident (sur une plage par exemple) ressent les effets de diminution de la profondeur h.

On observe une diminution de la vitesse (phase=groupe).

L'onde change de direction ; le front d'onde devient parallèle à la cote.

III-1-4-2 Réflexion

Lorsque l'onde rencontre un obstacle (lisse ou rugueux)

III-2 Modèle de calcul

L'onde de submersion qui se produit suite à une rupture d'un barrage est déterminée par les équations des écoulements non stationnaires déduites de celles de Saint-Venant .Elles s'écrivent , à l'aide des variables section mouillée débit:

$$\frac{\partial S}{\partial t}+\frac{\partial Q}{\partial x}=q_l-\frac{\partial S_s}{\partial t}$$

$$\frac{\partial Q}{\partial t}+\frac{\partial}{\partial x}\left(\beta\frac{Q^2}{S}+\Pr(S,x)\right)=g\int_0^h\left(\frac{\partial S}{\partial x}\right)_z dz-gS\frac{\partial z_f}{\partial x}-gSJ$$

Afin de différencier le lit mineur et le lit majeur, on pose les relations suivantes :

La pente globale J est définie par : $SJ=S_mJ_m+S_MJ_M$

La fonction β est ainsi définie : $\beta=\frac{S}{Q^2}\left[\frac{Q_m^{\ 2}}{S_m}+\frac{Q_M^{\ 2}}{S_M}\right]$

Le modèle a été construit sans nécessité de différencier le lit mineur et le lit majeur.

III-2-1 Champs d'application

Le modèle de Saint-Venant est souvent appliqué dans :

- L'étude des écoulements dans les plaines inondées.
- L'étude des écoulements dans les rivières peu profondes.
- L'étude des estuaires ou les côtes marines.

III-2-2 Principales hypothèses

Les principales hypothèses de modèles sont les suivantes :

- L'eau est un fluide incompressible.
- La répartition de la pression est hydrostatique dans une section.
- La pente du fond est faible vis-à-vis de la profondeur d'eau.
- La composante verticale de la vitesse W ainsi que ses variations (spatiales et temporelles) sont faibles, donc :

$$\frac{\partial W}{\partial x}=\frac{\partial W}{\partial y}=\frac{\partial W}{\partial z}=\frac{\partial W}{\partial t}=0$$

- Les variations verticales des deux composantes horizontales U, et V sont négligeables
- La répartition des vitesses est supposée uniforme sur une verticale, autrement dit, la vitesse calculée sera la vitesse moyenne d'une colonne d'eau.

III-3 Notion de danger particulier en cas de rupture d'un barrage

III-3-1 Définition générale du danger particulier

Un danger particulier existe si, en cas de rupture soudaine d'un ouvrage de retenue (barrage), au moins une habitation ou un lieu de travail ou un bâtiment public ou un camping public ou une voie de communication très fréquentée est touché (voir figure III-5).

Les critères de danger est base sur la hauteur d'eau, ainsi que sur le produit de la hauteur d'eau par la vitesse d'écoulement de l'onde de submersion lorsqu'un des éléments cités plus haut est concerné (habitation, lieu de travail, bâtiment public, une place de camping publique, une voie de communication très fréquentée).L'intensité de submersion(I en [m^2/s]) est définit comme le produit de la vitesse d'écoulement V en [m/s] par la hauteur d'eau h en [m] (I= V.h) , déterminé par un calcul de l'onde de submersion .

Afin de définir l'importance de l'effet dommageable des ondes de submersion, les critères d'intensité lors d'inondation servent de référence.

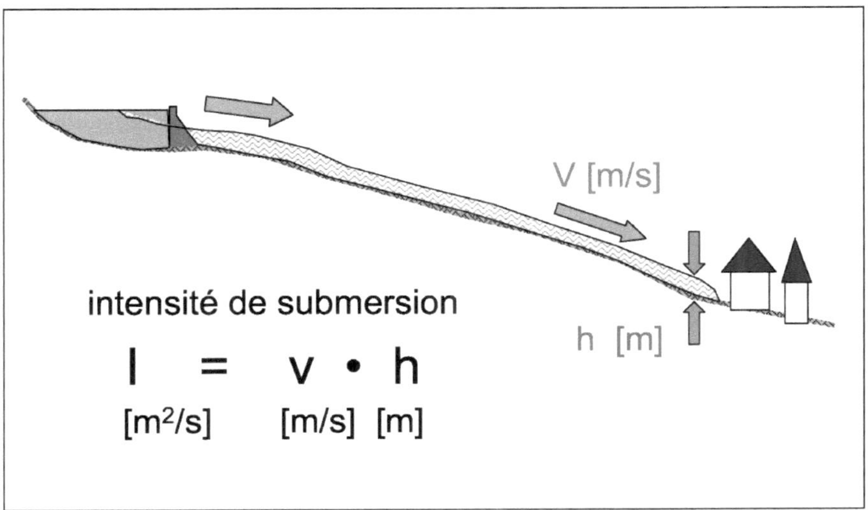

Figure III.5 : détermination du danger particulier

Il faut noter ici que, comparé à une crue naturelle, le passage d'une onde de submersion consécutif à une rupture de barrage est un événement de durée relativement courte, particulièrement s'il s'agit d'une petite retenue. De ce fait, les valeurs retenues comme critères de l'assujettissement représentent les limites à partir desquelles il existe un danger particulier marqué pour la construction et le lieu considéré. Il va de soi que pour des valeurs inférieures aux seuils fixés, des dégâts à des constructions ne peuvent pas être exclus. Selon l'importance de la zone touchée et des conséquences d'une onde de submersion, un assujettissement de l'ouvrage d'accumulation peut être envisagé pour des valeurs inférieures aux limites proposées.

III-3-2 Types de constructions et de lieux concernés

Habitations

On prend en compte une habitation isolée ou plusieurs habitations (chalets, maisons individuelles, immeubles, fermes...) occupées à l'année ou temporairement (week-end, mois, saison) par une ou plusieurs personnes.

Lieux de travail

Atelier, bureau, installations importantes de loisirs, etc. Occupation permanente ou au moins 2 heures quotidiennement.

On prend en compte un atelier ou une usine isolée ou une zone industrielle (particulièrement celles comportant des risques de pollution: chimie, stockage d'hydrocarbure, station d'épuration). Par contre, les zones agricoles (champs cultivés, pâturage, etc.) ne sont pas prises en compte.

Bâtiments publics

- Bâtiments administratifs
- Ecoles
- Hôpitaux

Place de camping

- Camping public.

Voies de communication très fréquentées

- Routes nationales
- Routes cantonales
- Chemins de fer

N'entrent pas en ligne de compte : sentiers pédestres, routes forestières, routes secondaires

Une distinction est faite entre les constructions en dur et les constructions légères (maisons en bois, baraquements).

III-3-3 Valeurs seuils pour la mesure du danger particulier :

Valeurs seuils	**Effets**	Règle d'assujettissement
Danger élevé $h > 2$ m ou $v \cdot h > 2$ m^2/s	Les personnes sont en danger même à l'intérieur des bâtiments. En cas d'érosion des berges, il y a aussi menace d'effondrement de constructions situées à	L'ouvrage d'accumulation est soumis si au moins une habitation, un lieu de travail, un bâtiment public, une place de camping publique, une route très
Danger moyen 2 m $> h > 1$ m ou 2 $m^2/s > v \cdot h > 1$ m^2/s	Les personnes à l'extérieur et dans les véhicules sont menacées. La retraite vers les étages supérieurs des bâtiments est la plupart du temps possible.	L'ouvrage d'accumulation est soumis si une habitation (de construction légère), un lieu de travail (construction légère), une place de camping public ou si
Danger modéré 1 m $> h > 0.5$ m ou 1 $m^2/s > v \cdot h > 0.5$ m^2/s	Les personnes sont peu menacées tant à l'extérieur qu'à l'intérieur des bâtiments. Des véhicules peuvent être emportés.	L'ouvrage d'accumulation est soumis si une place de camping publique ou une route très fréquentée est touchée
Danger faible $h < 0,5$ m ou $v \cdot h < 0,5$ m^2/s	Les personnes ne sont pratiquement pas menacées tant à l'extérieur qu'à l'intérieur des bâtiments.	L'ouvrage d'accumulation n'est pas assujetti.

Tableau 1 : Valeurs seuils pour la mesure du danger particulier basées sur des critères lors d'inondation

V = vitesse d'écoulement [m/s]; h = hauteur d'eau [m]; V x h = intensité de submersion [m^2/s]

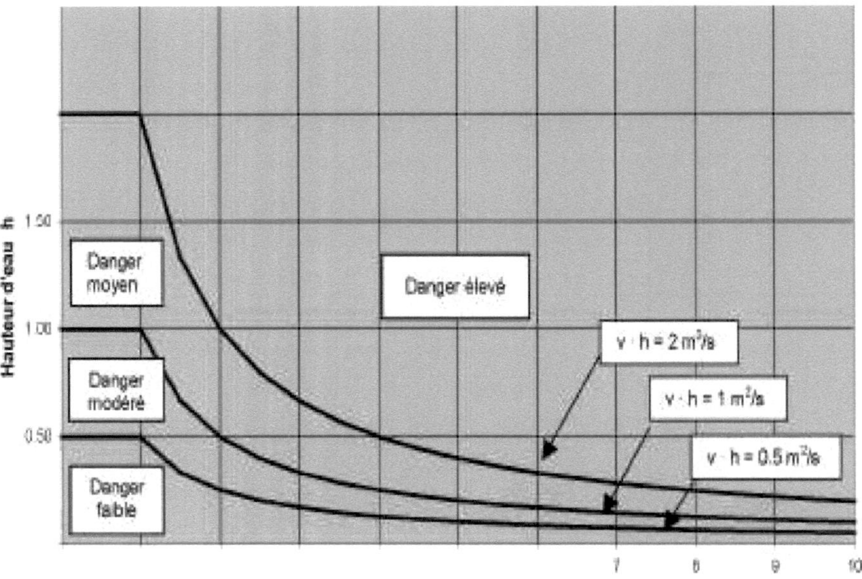

Figure III.6 : Répartition des plages de dangers selon l'intensité de submersion

Les valeurs seuils de l'intensité de submersion sont différentes selon les objectifs touchés. Dans ce graphique (figure III-6), les valeurs seuils sont indiquées en fonction de la hauteur d'eau h et de la vitesse d'écoulement V. rappelons qu'un danger particulier existe, si cette valeur est supérieur à $2m^2/s$ pour une habitation, un lieu de travail ou une ligne de chemin de fer. Pour une route fréquentée ou une place de camping une intensité au-dessus de $0.5m^2/s$ compte déjà comme danger particulier.

III-4 Démarche de calcul de l'onde de submersion

Pour évaluer l'ampleur du risque ou si un danger d'inondation existe à l'aval lors d'une rupture d'un barrage, il faut connaître tout d'abord la nature de la sollicitation hydraulique au niveau de la brèche, puis caractériser la propagation de l'onde de rupture. Plus précisément, les étapes ci-dessous sont à examiner :

- Les conditions hydrauliques en amont de barrage c'est-à-dire les caractéristiques principales de la retenue (volume maximum de la retenue, superficie maximum de plan d'eau, la hauteur d'eau…etc.).
- Formation de la brèche.
- Propagation de l'onde de submersion (la zone enjeux).
- L'évaluation de l'alea.

Selon le problème posé, les possibilités de calcul vont des calculs à la main par un modèle unidimensionnel jusqu'à la résolution par ordinateur d'un modèle bidimensionnel. Pour fixer de façon simple le débit en un endroit déterminé à l'aval du barrage, les valeurs estimées par un calcul à la main suffisent.

III-4-1 Hypothèses et Scénarios de rupture des barrages

On admet les hypothèses et les scénarios de rupture soudaine pour :

- **Les barrages voûte**: rupture totale de l'ensemble du barrage.
- **Les barrages poids**: rupture totale de l'ensemble du barrage (éventuellement sur une largeur équivalente à plusieurs plots).
- **Les barrages en remblai**: formation d'une brèche (en règle générale, de forme trapézoïdale, de base égale à 2 fois la hauteur hydrostatique et avec une pente des talus latéraux de 1:1; la surface ne doit pas être plus grande que celle de la digue elle-même).
- **Les Barrages mobiles**: rupture totale ou partielle du barrage (sans la partie usine) en fonction du concept de construction (radier continu, piles indépendantes, passes indépendantes) Digues latérales: formation d'une brèche (comme dans le cas des barrages en remblai).

III-4-2 Conditions initiales

L'hypothèse d'une rupture soudaine à retenue pleine généralement admise pour le niveau initial de l'onde de submersion correspond au niveau normal de retenue (ouvrage d'accumulation en exploitation normale). Pour certains ouvrages sans évacuateur de crue ou pour lesquels l'obstruction de l'évacuateur de crue par des corps flottants est possible, le niveau du plan d'eau de départ sera admis identique à celui du couronnement.

III-4-3 Formation de la brèche

Lors de la rupture d'un barrage, une brèche des formes et dimensions différentes se développe, la connaissance de la formation de la brèche est a priori majeure, puisqu'elle constitue la sollicitation initiale du problème de propagation, elle est très mal connue, surtout pour ce qui concerne les digues en terre

On admet les différentes formes et dimensions pour la brèche (les formes : rectangulaire, triangulaire, trapézoïdale, parabolique) selon le type de barrage, pour les barrages en béton, on admet une rupture soudaine et totale du barrage entier. Pour les petites digues, qui représentent certainement la majorité des cas à étudier par apport au danger particulier, on admet une brèche normalisée. Elle sera de forme trapézoïdale, de base égale à 2 fois la hauteur hydrostatique et avec des pentes latérales de 45°.

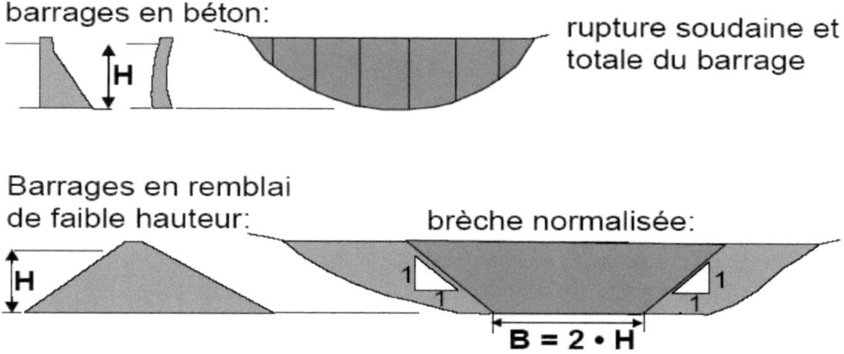

Figure III-7 : les formes normalisée de la brèche

III-4-4 Calcul du débit à l'instant de la rupture

La simulation de la propagation de l'inondation en aval de barrage utilise les connaissances sur la formation de la brèche comme données d'entrée du calcul de propagation. La description du processus de formation de la brèche est alors prévue à l'avance, pour déterminer le débit maximal à l'instant de la rupture (Q_b) est en fonction de la forme ou la géométrie de la brèche, par des formules empirique simples.

Les brèches de forme rectangulaire sont typiques pour des barrages poids ou des barrages en rivière (les barrages mobiles), la forme triangulaire pour des barrages voûte, tandis que les formes trapézoïdales et paraboliques sont attribuées à tous les types de barrages, mais surtout aux barrages en terre. (Voir figure III-8).

Pour calculée le débit a l'instant de rupture on admet les formules simples suivantes:

Avec H : hauteur d'eau (niveau d'eau)

- Forme rectangulaire : $Q_b = 0.93 \times L \times H^{\frac{3}{2}}$ (figure III-8-a)
- Forme triangulaire : $Q_b = 0.72 \times m \times H^{\frac{5}{2}}$ (figure III-8-b)
- Forme trapézoïdale : $Q_b = 0.93 \times L \times H^{\frac{3}{2}} + 0.72 \times m \times H^{\frac{5}{2}}$ (figure III-8-c
- Forme parabolique : $Q_b = 0.54 \times L \times H^{\frac{3}{2}}$ avec L= p.H et p : périmètre mouillé figure (III-8-c)

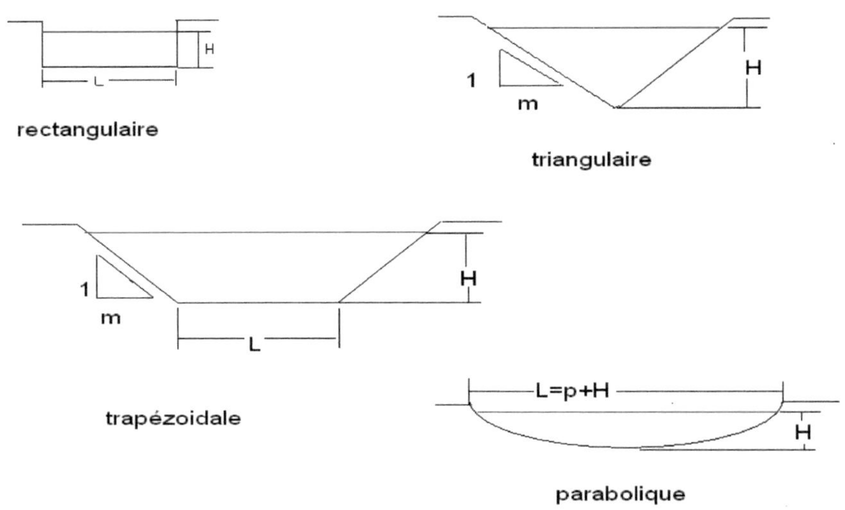

Figure III-8 : les formes de brèche

III-4-5 Documents topographiques nécessaires

Dans le cas d'un modèle simple de calcul, les données sont tirées de cartes avec courbes de niveau (1 /25000 ou, pour plus de précision, 1/ 10000). Ces cartes permettent de dresser des profils en travers en vue du calcul.

III-4-6 Méthodes de calcul

Pour déterminer le débit d'écoulement à une certaine distance à l'aval du barrage, il faut distinguer si l'écoulement est unidimensionnel ou bidimensionnel. Dans la majorité des cas, la topographie présente une vallée avec une zone d'écoulement qui peut être clairement définie par des sections transversales. C'est la situation pour un calcul unidimensionnel. Si l'écoulement peut se propager dans toutes les directions sur une surface plane, il convient d'utiliser un modèle bidimensionnel.

Il existe plusieurs méthodes de calcul simplifiées qui sont :

A. Modèle 1D

Cette méthode est particulièrement bien adaptée le long de tronçons de bassins étendus et bien limités dans lesquels l'écoulement progresse selon une direction déterminée. Le tronçon considéré est modélisé par une série de profils en travers le long de l'axe du bassin.

B. Modèle 2D

Ce modèle peut s'appliquer à toutes formes de bassin; il est particulièrement bien adapté aux régions de plaine, où l'écoulement peut prendre plusieurs directions. La région considérée est discrétisée en plusieurs éléments. La résolution numérique s'effectue par pas de temps et par l'intégration successive d'éléments d'un système d'équations différentielles. L'écoulement dans chaque section est déterminé dans 2 directions. La répartition spatiale et dans le temps de l'onde de submersion peut être faite pour n'importe quel relief de terrain.

III-4-6-1 Méthode simple à la main et modèle 1D

C'est une méthode claire et pratique, développée en France. Son avantage est que le calcul peut être exécuté rapidement et pas à pas à la main. Cette méthode basée sur :

- La forme du bassin doit être telle que la zone d'écoulement soit clairement définie et peut être définie par une série de profils en travers.
- Normalement, les profils en travers doivent avoir, si possible, une forme régulière et ne pas contenir d'îlots.
- De larges zones de rétention et des possibilités d'extension latérales de l'onde de submersion (par ex. départ d'une vallée latérale) limitent l'application et la fiabilité des calculs **1D.**

III-4-6-2 le modèle 2D

La topographie est définie par un grand nombre de points (coordonnées et altitudes). Ceux-ci sont reliés de façon à former des triangles et représenter la surface du terrain. De cette façon on obtient une très bonne modélisation du terrain.

La préparation de bases topographiques peut selon les conditions devenir onéreuse, si l'on doit prendre en compte un secteur topographique superflu ce qui peut entraîner une sensible augmentation du temps de calcul.

III-4-7 Résultats de calcul (Sans tenir compte du fond mobile)

III-4-7-1 Pour la méthode simple à la main et modèle 1D

Une méthode simple de calcul à la main permet de manière aisée une détermination facile de l'extension de la submersion en des points caractéristiques à l'aval du barrage.

Les débits, les vitesses et les profondeurs de l'onde sont les résultats qui doivent être déterminés dans les différents profils en travers.

Il est ensuite possible d'établir des cartes d'inondation qui donnent les limites de la zone inondée ainsi que celles de la ligne d'énergie.

III-4-7-2-Pour le modèle 2D

Les débits, les vitesses et les profondeurs de l'onde sont donnés dans deux directions pour chaque section. L'extension spatiale et dans le temps de l'onde peut être suivie pour n'importe quel bassin avec relief.

La représentation des résultats est un peu plus compliquée que celle du modèle 1D, car la surface de l'eau n'est pas plane, mais peut fortement varier d'une section à l'autre. C'est aussi la raison pour laquelle la ligne d'énergie dans un profil en travers n'est pas plane, mais irrégulière et fortement incurvée (ce qui correspond à la réalité).

III-4-8 Représentation des résultats

Les résultats des calculs de l'onde de submersion permettent d'établir une carte indiquant les limites du champ d'inondation (Figure III-8). Les limites d'inondation sont définies par la ligne d'énergie (Hauteur d'eau h_w + hauteur de vitesse $v^2/2g$). Si l'écoulement de l'onde de submersion reste confiné dans le lit du cours d'eau, seule le plan d'eau est considéré.

III-4-9 Exemple de calcul unidimensionnel

Calcul du débit pour différents profils en travers (A-A sur la figure III-8, etc.) situés à intervalles définis. Les calculs fourniront la hauteur de la lame d'eau h_w et la vitesse d'écoulement v, ce qui permet de déterminer la ligne d'énergie.

Les limites d'inondation sont définies par l'intersection de la ligne d'énergie avec le terrain naturel. Le temps d'arrivée du front de l'onde et l'altitude maximum de la ligne d'énergie est indiqué dans les cartes d'inondation.

III-4-10 Exemple de calcul bidimensionnel

Calcul effectué dans les directions longitudinales et transversales sur la base d'un réseau dense de cellules. Les calculs permettent de connaître au droit de chaque cellule, la vitesse d'écoulement de l'onde dans les deux directions et la hauteur de la lame d'eau. Le plan de l'eau n'est plus horizontal dans un profil en travers (par exemple B-B sur la figure III-8) et la ligne d'énergie n'est plus représentée par une droite, mais par une courbe irrégulière.

Le temps d'arrivée du front de l'onde, de même que les limites d'inondation et l'altitude maximum de la ligne d'énergie sont indiqués dans les cartes d'inondation.

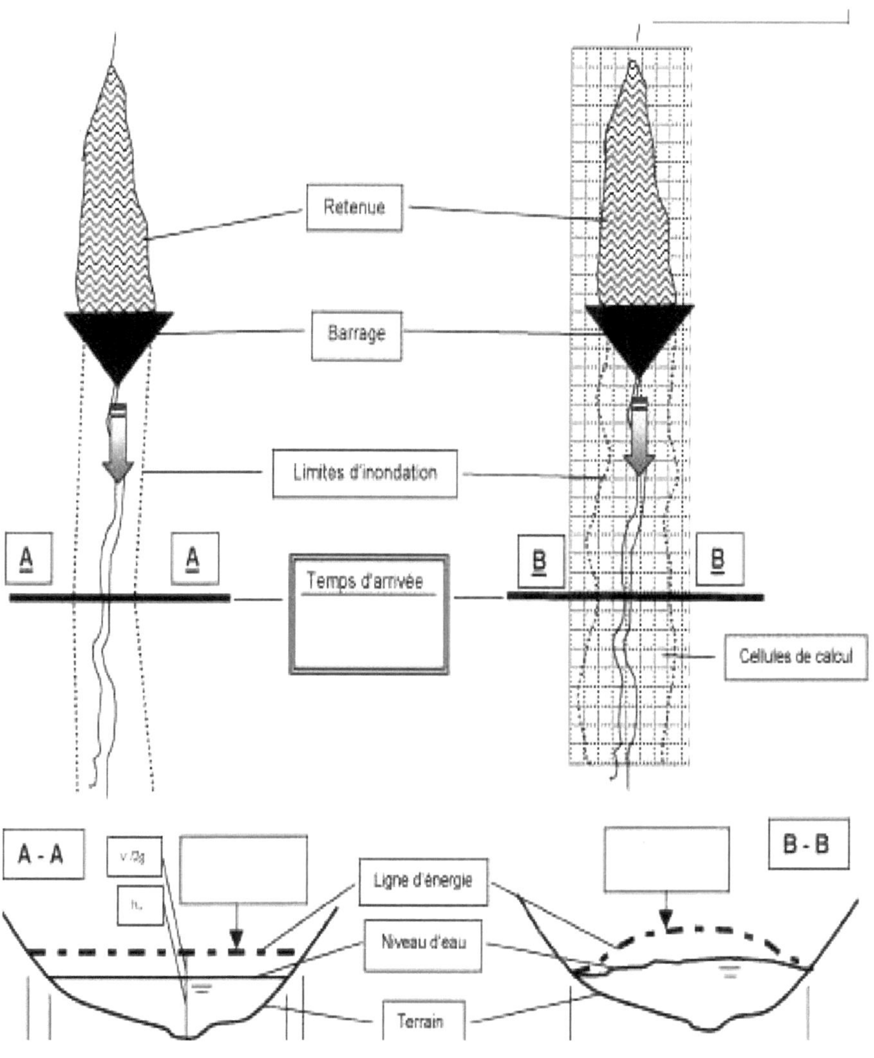

Figure 7: Représentation de la zone de submersion pour les deux exemples de calcul.

III-5 Conclusion :

On peut conclure d'après les démarches de calcul (model 1D,ou model 2D) cité plus haut que les résultats de calcul sont fiables que l'on peut raisonnablement attendre d'un modèle de propagation en aval d'un barrage sont les suivants :

- Les chemins préférentiels de l'écoulement (le sens de l'écoulement de l'onde).
- L'étendue de la zone inondable (la zone enjeux).
- L'organisation relative des temps d'arrivée de l'onde dans telle ou telle zone, des durées de submersion (route d'accès pour les secours, bâtiments sensibles,)
- Avec de grandes réserves et une étude impérative de sensibilité,
- L'ordre de grandeur (le coefficient de rugosité, la pente locale et la pente moyenne), des vitesses locales de propagation et de la vitesse de propagation de l'onde, des temps d'arrivée aux points à enjeux
- Les durées de submersion lorsque la décrue est lente (ces valeurs seront connues en ordre de grandeur seulement).

Pour les deux premiers cas, la précision des données topographiques a une plus grande influence sur la précision des résultats que le modèle lui-même. Dans le premier cas, une modélisation 2D est incontournable pour les terrains de type plaine. La quantification plus précise des grandeurs hydrauliques (la rugosité, coefficient de stlikler, la pente de terrain) n'est actuellement pas envisageable avec une incertitude plus fine que 50 %, au mieux.

Chapitre IV : Outils logiciels utilisables pour le calcul

IV-1 Introduction

Parmi les outils logiciels pouvant être utilisés pour simuler l'écoulement en aval d'un barrage, certains sont centrés sur la préoccupation de rupture d'un barrage ou d'une digue. Pour ceux-ci, la problématique de la propagation de l'onde de submersion en aval de la brèche est souvent traitée de manière globalisée (modèle filaire selon un axe unique de propagation par exemple). Les outils cités dans ce chapitre sont destinés à décrire la propagation d'un écoulement à surface libre, avec une multitude d'applications possibles. Le cas de l'écoulement à travers une brèche est l'un de ces multiples cas d'application. Dans notre étude de l'écoulement de l'onde de submersion en aval d'un barrage, nous utiliserons le logiciel CASTOR.

Il existe plusieurs logiciels de calcul de l'onde de submersion en cas de rupture d'un barrage, des logiciels basés sur les modèles de calcul soit à une dimension (1D) ou deux dimensions (2D).

IV-2 Quelques exemples des logiciels de calcul

IV-2-1 RUPRO

Le logiciel RUPRO du Cemagref calcule l'hydrogramme au droit d'une brèche de remblai en terre homogène. Il a été conçu pour les barrages en remblai, ce qui explique certaines particularités.

Le remblai est décrit par un profil en travers. Le logiciel effectue un calcul simplifié d'érosion progressive du remblai, le débit solide étant évalué par une formulation classique (Meyer-Peter) à partir des caractéristiques du matériau (masse volumique, porosité, coefficient de Strickler).

Le processus de formation de la brèche simulé est soit le renard (schématisé par une conduite circulaire qui s'élargit progressivement jusqu'à l'effondrement puis une brèche rectangulaire), soit la sur verse (la brèche, supposée rectangulaire, s'approfondit jusqu'à atteindre le pied de remblai puis s'élargit).

IV-2-2 MASCARET

Ce logiciel a été développé par EDF est co-propriété du CETMEF.

Le logiciel MASCARET utilisable dans le cas d'une rivière naturelle, la géométrie des profils en travers de forme quelconque et base sur le système de l'équation de Saint-Venant, Ce système d'équations ne possède donc pas de solution analytique.

La résolution s'effectue numériquement à l'aide d'un schéma de type volumes finis explicite. Ce schéma permet le traitement des ressauts hydrauliques, des conditions initiales discontinues et des zones sèches. Les confluents sont traités par la résolution locale des équations de Saint-Venant bidimensionnelles.

Pour la formation de la brèche, signalons tout d'abord qu'il n'y a que deux possibilités pour la situation en plan du remblai : soit il est situé perpendiculairement à l'écoulement, soit il est latéral. Une position intermédiaire n'est pas envisageable.

Donc MASCARET est un modèle filaire basé sur la résolution des équations de Saint Venant monodimensionnelle, c'est à dire que les calculs de propagation ne sont pas simplifiés au-delà des limites bien connues des modèles filaires.

IV-2-3 RUBAR 3

C'est le logiciel filaire du Cemagref. Le Cemagref déclare qu'il a toutes les fonctionnalités citées pour MASCARET sauf la possibilité d'un maillage ramifié, ce qui nous a conduit à le signaler au même titre que MASCARET.

IV-2-4 CASTOR

CASTOR est un logiciel de Cemagref destiné à fournir un ordre de grandeur des niveaux d'eau atteints dans une vallée parcourue par une onde de rupture de barrage afin d'estimer rapidement si le danger est réel. Il procure un calcul 1D simplifié utilisable pour les ruptures instantanées comme progressives. CASTOR ne s'applique qu'aux valeurs hydrauliques maximales (résultats de débit au droit de la brèche, débits, hauteurs d'eau et vitesses en aval). Les données relatives à la retenue sont la ligne d'eau à l'instant de la rupture, le volume et la longueur de la retenue, la hauteur du barrage.

Les données relatives au barrage sont sa section en travers.

Notons que la largeur de la brèche peut être choisie inférieure à la largeur du barrage, dans ce cas elle est imposée à un tiers de la hauteur du barrage. La forme de la brèche peut être rectangulaire ou trapézoïdale pour la rupture progressive.

Les données relatives au terrain en aval de la brèche sont les profils en travers, pentes et rugosités locales qui caractérisent le terrain d'une part, les points où les résultats doivent être calculées d'autres parts (zones à enjeu).

La condition hydraulique au droit de la brèche est le débit de pointe local, qui peut être imposé ou calculé. Dans ce dernier cas :

- Pour la rupture instantanée, le débit maximal est calculé à l'aide de la formulation de Ritter corrigée par un coefficient qui tient compte de la forme de la retenue.
- Pour la rupture progressive, le débit maximal est calculé par une formule simplifiée d'origine statistique calée sur des observations antérieures, sans véritable justification (comparaison) possible.

La durée de formation d'une brèche progressive est imposée (100 fois la hauteur du barrage, exprimée en mètres).

Du point de vue des résultats, le débit maximal à chaque point de calcul est déterminé à partir d'un abaque et du débit maximal au droit de la brèche (annexe 1). La hauteur d'eau maximale est calculée en supposant un régime d'écoulement uniforme. Le temps d'arrivée de l'onde est calculé à partir de la vitesse maximum et de la distance au barrage.

La simplicité du calcul entraîne naturellement des incertitudes importantes. Le CEMAGREF a effectué des calculs comparatifs sur la partie propagation avec RUBAR 3, le logiciel filaire du CEMAGREF. Les écarts sont limités à 50 % pour les débits, vitesses et temps d'arrivée, à 20 % pour les hauteurs d'eau.

Les principales hypothèses faites dans le logiciel CASTOR sont les suivant :

- Les écoulements en section courante sont graduellement varies (hypothèse de Saint-Venant), c'est-à-dire que la courbure des écoulement est supposée faible.
- L'écoulement peut varier brusquement au passage de seuils ou de singularités. Ces zones ne sont pas alors intégré au modèle géométrique mais sont traitées à l'aide de seuils et de lois de perte de charge dont les coefficients peuvent être imposés.
- Les écoulement sont filaires (un dimension) c'est-à-dire que :
  - Le flux a une direction privilégiée suivant l'axe du lit mineur,
  - La vitesse est homogène dans toute la section de l'écoulement.
- La répartition des pressions est hydrostatique,
- La pente moyenne de l'écoulement en section courante est supposée faible (inférieure à 10%).

Utilisation de CASTOR

Le logiciel est adapté aux ruptures instantanées aussi bien qu'aux ruptures progressives. L'utilisateur peut soit fournir le débit de pointe au droit du barrage soit demander au logiciel de le calculer.

Outre les renseignements de base concernant le barrage et la retenue, l'utilisateur doit fournir pour les points sensibles de la vallée où il souhaite obtenir les résultats, les renseignements suivants : profil(s) en travers (couples largeur-cote), coefficient de strickler local, pente locale. Il doit aussi fournir les coefficients de stricklers le long de la vallée, coefficients qui devront ici représenter l'ensemble des frottements y compris ceux relatifs aux irrégularités de topographie. Des approches simplificatrices permettent aussi de tenir compte de l'effet d'ouvrages en travers de la vallée ou de singularités locales.

En un point donné de la vallée, le logiciel effectue le traitement suivant : calcul du débit maximal par réduction du débit de pointe au droit du barrage à l'aide d'un coefficient (empirique) d'amortissement ; calcul de la hauteur d'eau maximale atteinte à partir du débit grâce à l'hypothèse du régime uniforme ; puis vitesse maximale et temps d'arrivée sont déduits des résultats précédents.

Les résultats sont très dépendants des hypothèses envisagées lors du choix des différents paramètres (stricklers en particulier). Dans ce contexte, un résultat fiable ne peut venir que de l'utilisation répétée du logiciel sur un même problème.

A noter que certains cas sont, a priori, exclus :

- Les écoulements qui ne peuvent plus être considérés comme unidimensionnels ;
- Les cas où l'érosion ou le transport solide modifient fortement les conditions d'écoulement ; les ruptures de barrage en cascade.

Même en dehors de ces cas, les calculs effectués conservent une incertitude intrinsèque de l'ordre de 20 à 50% due en grande partie à la faible quantité d'informations utilisée pour le calcul. Ceci se traduit évidemment aussi par un faible coût d'acquisitions des données et des temps de calcul très brefs, ce qui est le principal avantage du logiciel.

Le logiciel CASTOR est écrit en Java. CASTOR est destiné à être utilisé sur PC (Windows, Linux).

Les figures ci après illustre des quelques fenêtres de calcule par le logiciel CASTOR :

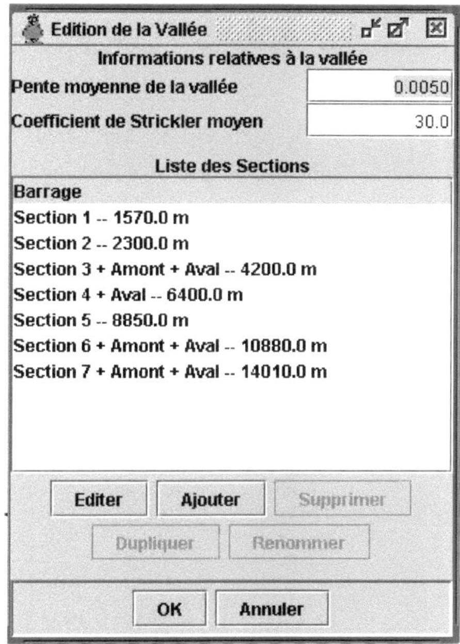

Figure IV-1 : Edition de la vallée (insertion des données de base de chaque section)

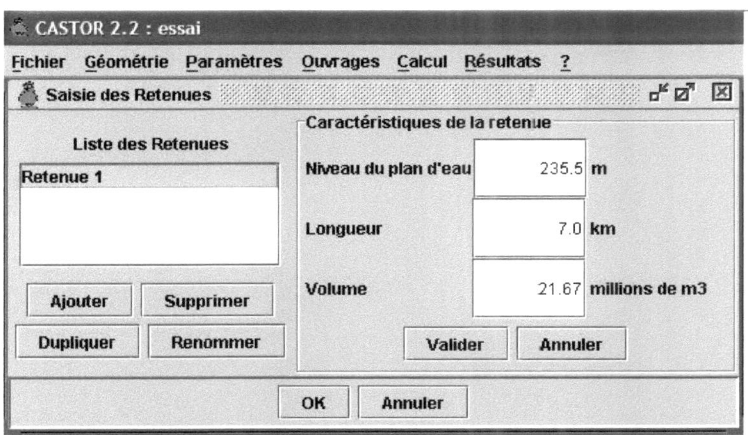

Figure IV-2 : fenêtre de saisie des caractéristiques de la retenue.

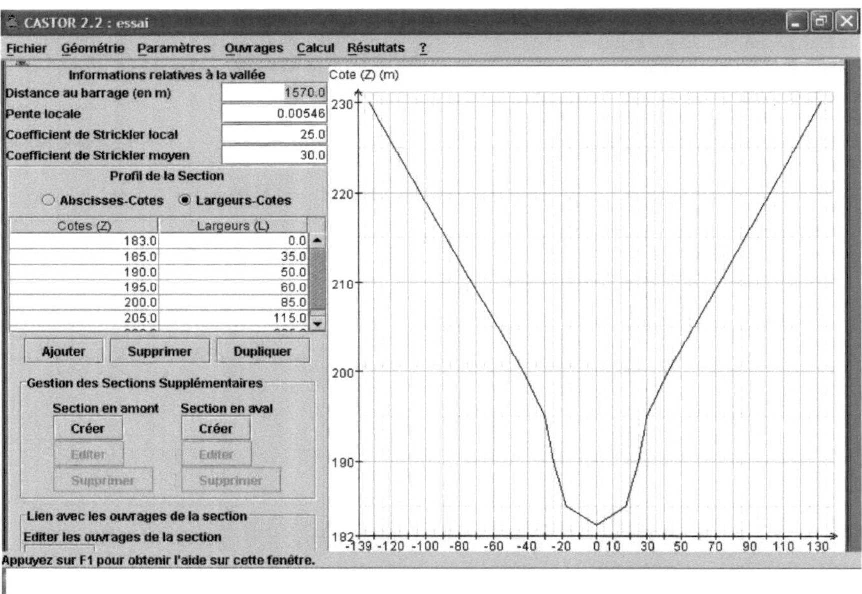

Figure IV-3 : information relative à la vallée (profil en travers)

Chapitre V : Application et analyse des résultats

V-1 Introduction

Cette application a pour objet l'étude de l'onde de submersion dans le cas de la rupture du barrage des Portes de Fer, situé sur l'oued Bouktone dans la Wilaya de Bordj Bou Arréeridj. On utilise pour cette étude un logiciel développé par le CEMAGREF et appelé CASTOR.

Le principe de fonctionnement de ce logiciel est détaillé dans le chapitre IV.

Les objectifs principaux de l'application sont :

- Identifier le ou les scénarios possibles de rupture du barrage.
- Détermination des caractéristiques de l'onde de propagation à l'aval jusqu'au point d'arrêt l'étude.

V-2 Description de l'ouvrage

V-2-1 Situation générale du barrage des Portes de Fer

Le barrage des Portes de Fer est situé dans la partie nord-ouest de la wilaya de Bordj Bou Arreridj, dans le bassin versant de oued Bouktone dans la chaîne des Bibans au niveau des gorges des Portes de Fer.

Le lac artificiel sera situé dans la partie amont du bassin versant du oued Bouktone pour mobiliser la totalité des apports de l'oued, et un transfert de 65% des apports de oued Azerou par une prise d'eau équipée d'une conduite de refoulement alimentant la future retenue du barrage. Le transfert se fera par pompage des eaux captées vers la retenue de l'oued Bouktone. La cote du plan d'eau est prévue à une altitude de 482 m .

La situation générale de barrage et la retenue est représentée sur la figure V-1 (cartes au 1/25 000).

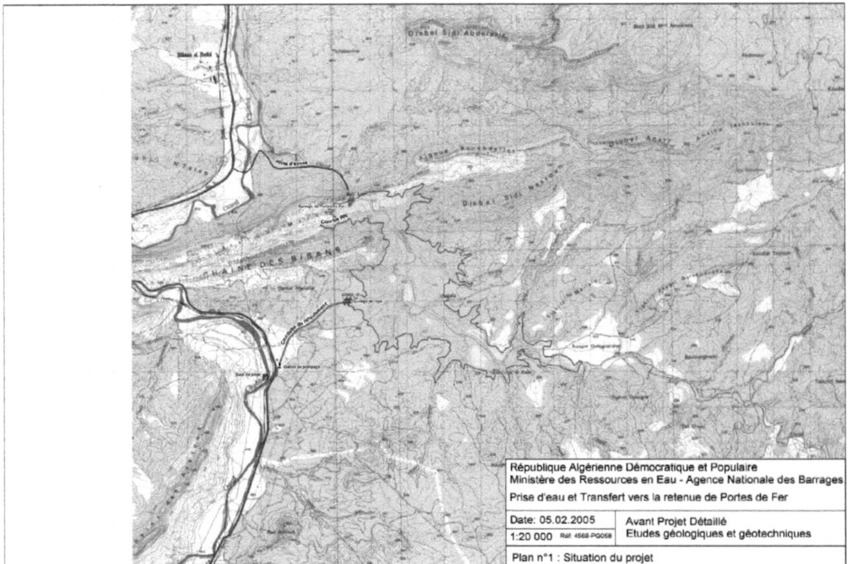

Figure V-1 : Situation de barrage des Portes de Fer et sa retenue

Le volume maximum de la retenue est évalué à 46 000 000 m^3 et la hauteur de la digue est de 73 m.

L'aménagement hydraulique des Portes de Fer comprend les ouvrages suivants :

- Un barrage créant une retenue dont le volume total est de 46 hm^3.
- Un ouvrage de prise d'eau destinée au transfert des eaux (65% de l'apport de l'oued Azerou) ;
- La retenue créée par le barrage aura une superficie d'environ 260ha.
- Une station de pompage pour pomper les eaux de l'oued Azerou vers la retenue.

V-2-2 Les caractéristiques générales de l'aménagement

Les caractéristiques générales du barrage et des ouvrages annexes (évacuateur de crue, vidange de fond, prise d'eau) sont résumées dans le tableau ci-dessous :

Barrage

Type	Barrage-poids en béton compacté au rouleau
Nature des fondations	Formation calcaires et marno-calcaire
Hauteur maximale au-dessus des fondations	73 m
Longueur en crête	180 m

Largeur en crête	5 m
Parement amont	vertical
Fruit du parement aval	0.8H/1V
Rayon de courbure de la crête	Axe rectiligne
Cote du couronnement du barrage	485.40 m
Cote du seuil du déversoir	482.00 m
Volume total de la digue	140000 m3

L'ouvrage d'évacuation des crues

Nombre	1
Type	Déversoir libre et coursier en escalier
Emplacement	Déversoir en crête, coursier sur le parement aval
Largeur du déversoir et du coursier	11.50 m
Débit maximal évacué (Q1000)	78 m3/s
Surélévation du niveau du lac pour Q1000	1.40 m
Débit extrême évacue (CMP)	136 m3/s

L'ouvrage de vidange

Débit maximal	51m3/s
Vitesse maximale	22m/s
Diamètre de la conduite	1700mm
Longueur de la conduite	80 m
Commande	Vanne située dans la chambre des vannes à la sortie de la galerie de dérivation
Contrôle	Vanne placée à l'amont de la vanne de commande

Les caractéristiques principales de la retenue sont :

Capacité maximale de la retenue	46 000 000 m^3
Superficie maximale du plan d'eau	2.88 km^2
Superficie du fond du bassin	0.01 km^2
Altitude max plan d'eau	482 m NGA
Altitude fond du bassin (thalweg)	414.5 m NGA

V-2-3 Hydrologie

Surface du bassin versant	207 km^2
Débit moyen de l'oued	12.2 hm^3/an
Crues de référence : T=10 ans (crue de chantier)	150m^3/s
T= 100 ans	245m^3/s
T=1000 ans	435m^3/s

V-3 La géométrie de la vallée

Le barrage des Portes de Fer sera implanté sur l'axe des gorges dites de la petite Porte de Fer par laquelle passe l'oued Bouktone.

L'aval du barrage, concerné par la propagation de l'onde de submersion, peut être subdivisé en trois zones de caractéristiques relativement homogènes :

- **Zone A** : Le secteur immédiat à l'aval du barrage, à savoir les 3 km séparant les gorges de la petite Porte de Fer et la confluence avec l'oued Azerou. C'est la partie terminale de la vallée de l'oued Bouktone, raide et très encaissée.

- **Zone B** : Le tronçon de l'oued Azerou longeant la route nationale numéro 05 et la ligne de chemin de fer jusqu'à la plaine du Sahel à l'entrée de Beni Mansour. C'est la vallée aval de l'Oued Azerou, ou le lit se développe sur la quasi-totalité du fond de la vallée. L'oued est relativement encaissé et ne dispose que de peu d'espace entre le relief et les infrastructures (route et la ligne de chemin de fer). On notera que cette dernière traverse plusieurs fois l'oued Azerou.

- **Zone C** : Le tronçon entre Beni Mansour, Akbou, et Bejaia (mer Méditerranée) situé sur la plaine du Sahel et de la Soummam. Il se caractérise par une pente comprise entre 0.2% et 0.4% ainsi que par une succession de zone de méandres et de tresses dans une large vallée alluviale.

Ci-après quelques caractéristiques des ces trois zones :

	Longueur (km)	Largeur moyenne (m)	Pente moyenne (%)
Zone A	3	60	0.85
Zone B	20	200	0.5
Zone C	100	500-1000	0.3

Les caractéristiques (profils en long et en travers) de la vallée principale ont été déterminées à partir des cartes topographiques au : 1/50 000, en utilisant le logiciel AUTOCAD.
Ensuite nous avons déterminé les caractéristiques de chaque section (les cotes, les distances correspondantes par apport au niveau du centre de lit mineur de l'oued, et les pentes locales de chaque section), voir **ANNEXE 1** (exemple de tracé des sections 1,2 et 3 sur AUTO CAD)

La pente locale **(j)** d'un section (S) sont calculée comme suit :

$$j = \frac{\text{(cote de l'oued de du section (S-1))-(cote de l'oued de du section (S))}}{\text{la distance entre (S) et (S-1)}}$$

Avec S section dans la vallée et (S-1) section précédant

Les sections ont été choisies soit au droit de la confluence des oueds soit au droit des zones habitées ou accueillant des infrastructures, ou il y a de changement de la géomorphologie (élargissement, rétrécissement) de la vallée.

La forme des vallées pour les trois zones (A, B, C) est traduite par la prise en compte des profils en travers représentatifs des principales variations de géométrie, les sections de calcul entre les profils en travers sont espacés de 1000 a 4000 mètres. Les profils en travers de chaque section sont représentés en **ANNEXE 2**.

Le profil en long de la vallée principale et les confluents des autres oueds sur l'oued principal, pour la zone étudiée est représenté sur la figure V-2

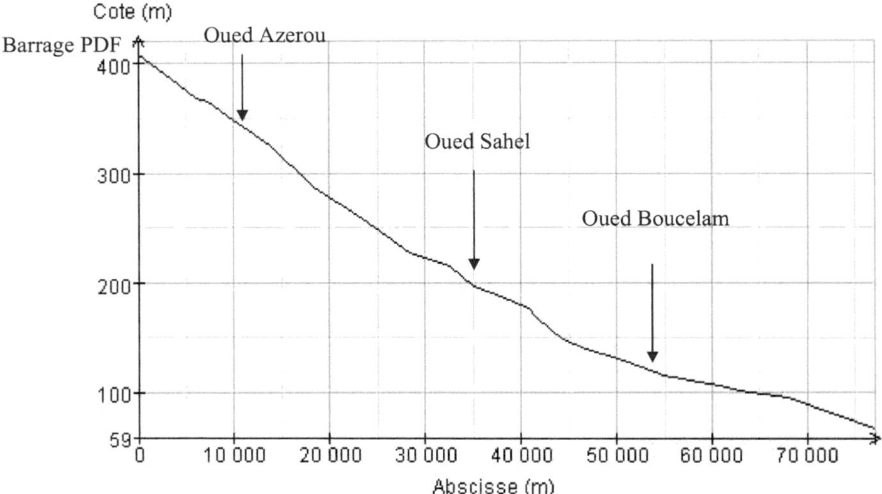

Figure V-2 :Profil en long de la vallée principale

V-3-1 Caractéristiques hydrauliques de la vallée :

Le CEMAGREF (France) a donné des recommandations sur le choix des coefficients de rugosité (coefficients de Strickler) pour les vallées. Ces valeurs sont indiquées sur le tableau suivant :

Rivières naturelles Pour les cours d'eau à section suffisamment constante	**K** Strickler
Petit cours d'eau de largeur inférieure à 30 m	
Cours d'eau de plaine :	
• Net, droit, niveau d'eau élevé, peu de variation de la section mouillée	**30 à 40**
• Idem mais pierres et mauvaises herbes plus nombreuses	**30**
• Net, sinueux avec seuils mouillées	**25**
• Idem, mais avec pierres et mauvaises herbe	**20**
• Idem, mais niveau bas	**20**

• Cours paresseux, mauvaises herbes, trous d'eau profonds	**15**
• Nombreuses mauvaises herbes et nombreux trous d'eau	**10**
• Pentes et fond irréguliers, nombreuses souches, arbres et buissons, arbres tombés dans la rivière.	**5-7**
• Cours d'eau de montagne (pas de végétation dans le lit, rives escarpées, arbres et broussailles pour les niveaux élevés).	**25**
• Fond en gravier et cailloux peu de gros galets	**20**
• Fond avec gros graviers	**20**
Plaine d'inondation	
• Pâturages sous broussailles	**30 à 35**
• Zones cultivées, absences de récoltes	**35**
• Zones cultivées récoltes sur pied	**25 à 30**
• Broussailles dispersées et mauvaises herbes ou broussailles et quelques arbres en hiver	**20**
• Quelques arbres et broussailles en été, broussaille moyenne ou dense en hiver	**15**
• Broussaille moyenne ou dense en été	**10**
• Souches d'arbres sans rejet	**25**
• Souches d'arbres avec rejets durs	**16**
• Forêt de hautes futaies, peu de broussailles	**10**
• Forêt de hautes futaies, peu de broussailles avec niveau d'eau atteignant les branches, souches denses	**8** **7**
Grands cours d'eau de largeur maximale supérieure à 30 m (la valeur de K est supérieure à celle des petits cours d'eau d'allure analogue car les rives offrent moins de résistance efficace)	
• Section régulière sans broussailles	**25 à 40**
• Section irrégulière et rugueuse	**10 à 25**

Les coefficients de Strickler des différents tronçons ont été calés en fonction de l'analyse des cartes topographiques et la modélisation numérique de terrain.

V-3-2 Valeurs recommandées pour le coefficient de strikler (source : CEMAGREF)

Pour tenir compte des particularités des différents biefs de la vallée étudiée, différentes valeurs ont été attribuées au coefficient de frottement de Strickler [k] (figure V-3, la pente locale de chaque section et la distance de chaque section par apport au barrage (point 0), suivant les zones ou les sections auxquelles il s'applique :

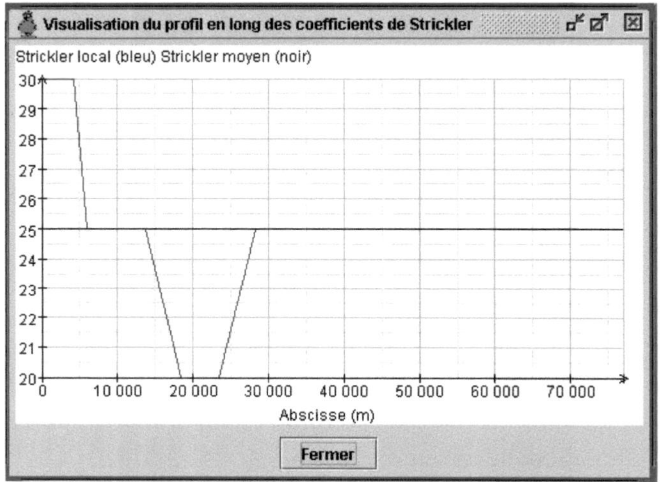

Figure V-3 : Représentation graphique de coefficient STRIKLER local et moyen de la vallée

Dans notre application nous avons considéré 24 sections avec les caractéristiques suivantes :

distance (m)	Section	distance cum (m)	cote (m)	Dénivelée (m)	Pente locale
0	barrage		412		
168,46	Section 1	168,46	408	4	0,02374451
1781,47	Section 2	1949,93	395	13	0,00729734
2373,68	Section 3	4323,61	380	15	0,0063193
1726,5	Section 4	6050,11	368	12	0,00695048
1260,72	Section 5	7310,83	365	3	0,00237959
2676,45	Section 6	9987,28	348	17	0,0063517
3790,6	Section 7	13777,88	325	23	0,00606764
4601,16	Section 8	18379,04	288	37	0,00804145

5043,5	Section 9	23422,54	258	30	0,00594825
4867,86	Section 10	28290,4	228	30	0,00616287
4302,27	Section 11	32592,67	215	13	0,00302166
2518,31	Section 12	35110,98	198	17	0,00675056
2755,67	Section 13	37866,65	188	10	0,00362888
2967,24	Section 14	40833,89	177	11	0,00370715
973,79	Section 15	41807,68	168	9	0,00924224
2570,56	Section 16	44378,24	148	20	0,00778041
2499,33	Section 17	46877,57	140	8	0,00320086
3903,78	Section 18	50781,35	128	12	0,00307394
4179,06	Section 19	54960,41	115	13	0,00311075
2706,62	Section 20	57667,03	111	4	0,00147786
2995,26	Section 21	60662,29	106	5	0,0016693
2181,64	Section 22	62843,93	102	4	0,00183348
4995,44	Section 23	67839,37	95	7	0,00140128
9124,29	Section 24	76963,66	68	27	0,00295913

A partir de tableau cité plus haut on peu déterminer la pente moyenne de la vallée, qui est donc de l'ordre ***0.55%*** pour la zone modélisée, Le coefficients de frottement (Manning) sont pris égaux à 0.04 par défaut (soit un coefficient de Strickler moyenne est de 25 $m^{1/3}/s$), c'est-à-dire que le coefficient de Strickler de chaque section est considéré égale à 25 $m^{1/3}s^{-1}$.

Cote de retenue :

Les calculs ont été effectués en considérant que la rupture du barrage intervient dans le cas défavorable où le plan d'eau est à la cote de PHE (Cote des Plus Hautes Eaux) soit ***73 m*** qui correspond à un volume de la retenue de ***46 hm^3***.

V-4 Hypothèse de rupture du barrage des Portes de Fer

Le barrage des Portes de Fer, étant un barrage poids en BCR, dont une coupe est illustrée à la figure V-4, sa rupture est supposée totale et instantanée.

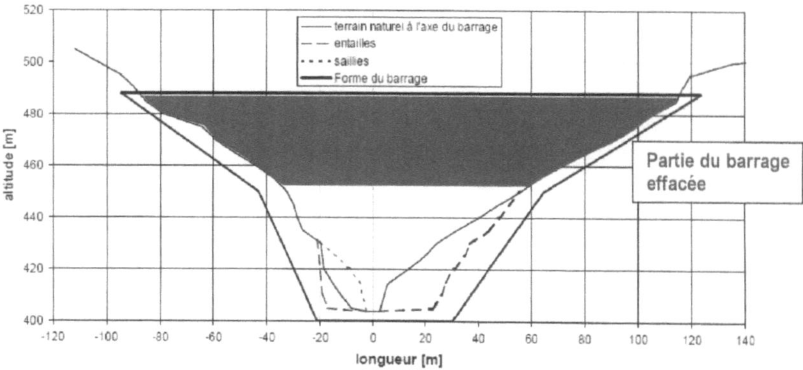

Figure V-4 : Coupe du barrage des Portes de Fer

V-4-1 Modes de rupture envisageables

D'une manière générale, on peu citer quelques modes de rupture qui peuvent s'appliquer au barrage des Portes de Fer :

❖ **Rupture brutale par glissement en masse suite à un séisme**

Le cas d'un séisme provoquant une faille horizontale en tête de barrage aurait très probablement comme conséquence un effacement instantané du 1/3 supérieur du barrage

❖ **Erosion par déversement sur la crête pour une crue extrême**

Ce cas se produirait lors d'une submersion de la crête du barrage.

❖ Erosion interne due à un défaut de drainage

❖ Attentat ou sabotage

V-4-2 Effacement instantané de l'ensemble du barrage :

L'hypothèse d'effacement instantané de l'ensemble du barrage est écartée pour les raisons suivantes :

- Le barrage est un barrage poids en BCR (béton compacté en rouleau)
- Le barrage, dans sa partie inférieure (2 :3 de sa hauteur) est ancré dans la montagne et l'étroitesse de la vallée ne permet pas d'envisager un tel cas.

V-4-3 Scénario de rupture modélisé (la forme de la brèche normalisée)

L'hypothèse de rupture est celle dont les conséquences sont les plus importantes, c'est-à-dire celle d'une rupture brutale du barrage avec un effacement du tiers supérieur du barrage, soit lors d'un séisme voire d'un attentat. Même si leur probabilité d'occurrence est très faible, de tels événements ne peuvent pas être complètement exclus.

On peut donc considérer que la forme de la brèche lors de la rupture brutale de barrage des Portes de Fer dera de forme trapézoïdale (figure V-5) , et c'est cette forme qui sera modélisés ci-après à l'aide du logiciel de calcul CASTOR décrit au chapitre V.

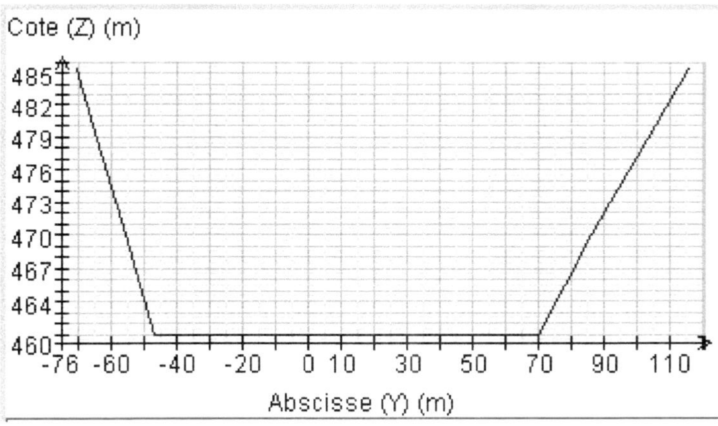

figure V-5 : Forme de la brèche

V-5 Hypothèse de propagation de l'onde

L'onde de submersion est supposée se propager sur des fonds initialement secs dans la vallée principale (oued Bouktone), dans les oueds Merhi, Sahel, Soummam jusqu'au Akbou.

Cette hypothèse se justifie par le fait que les débits de l'onde sont nettement plus élevés que ceux des écoulements habituels de ces cours d'eau. A partir d'Akbou en prend en compte les débits de base de l'oued dans chaque section.

V-5-1 Critère d'arrêt de l'étude

Considérant la distance entre le barrage et la mer, et l'objectif fixé à cette étude qui est non pas de réaliser une étude technique complète mais plutôt de connaître et de maîtriser la méthode de calcul de la propagation d'une onde de submesrsion, le critère d'arrêt de calcul de l'onde de submersion a été, arbitrairement fixé à la sortie de la localité de Sidi Aich, soit à une distance de plus de 70 Km à l'aval du barrage.

V-5-2 Condition limite aval

Le niveau 0 mNGA, niveau de la mer a été retenu comme condition limite aval.

V-5-3 Les différents types de l'écoulement

Les types de propagation (sur fond sec ou sur fond mouillé) sont les suivants :

- Propagation sur fond initialement sec : entre le pied du barrage des Portes de Fer et le PK 1.5
- Propagation sur fond mouillé : entre le PK1.5 jusqu'à la section 24 (Sidi Aich).

Les débits de base de chaque oued avant la rupture sont estimés à : (Débits moyens annuels – Données ANRH).)

- Oued Azerou: 0.13m^3/s.
- Oued sahel : 3.45 m^3/s
- Oued soummam 9.03 m^3/s.

La longueur totale de la zone modélisée est de l'ordre de 77 km .

V-6 Modélisation numérique avec CASTOR:

Le calcul de l'onde de submersion dans la vallée en cas de rupture du barrage des Portes de Fer a été réalisé au moyen du code CASTOR 2.2 développé par le CEMAGREF (Département Gestion des Milieux Aquatiques - Unité de Recherche Hydrologie Hydraulique).

Le modèle, les hypothèses de calcul et la validation de CASTOR ainsi que son principe de fonctionnement ont été détaillés au chapitre IV.

V-7 Présentation des résultats de calcul

Les résultats obtenus sont détaillés ci-dessous :

1-cote maximum et le fond de la vallée :

La figure ci-dessous représente le profil en long de la cote maximale atteinte par l'onde de submersion dans la vallée modélisée.

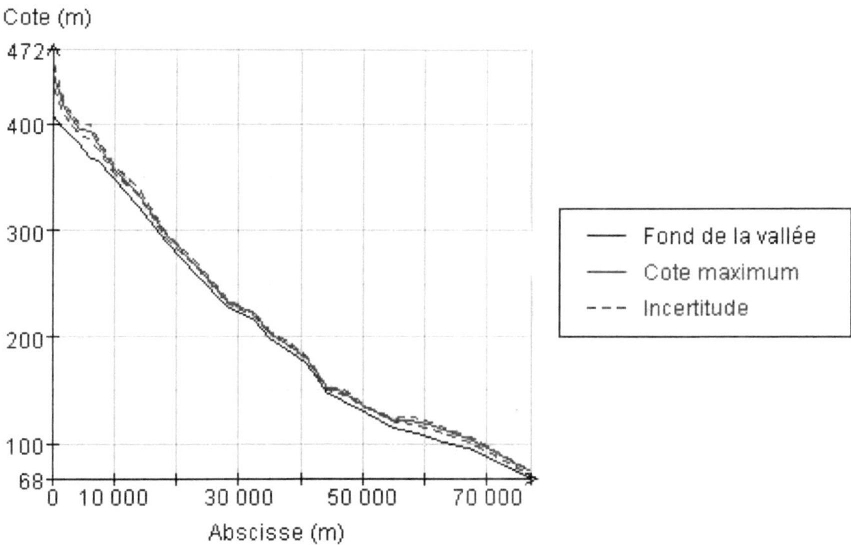

Figure V-6: Profil en long de la cote maximum de l'onde de submersion.

On remarque dans cette figure que la cote maximum de l'onde de submersion au début de la vallée (la zone immédiate) est élevée et puis commence à diminuer au fur et à mesure pour atteindre la cote du fond de la vallée aux points les p^lus éloignés de la zone immédiate.

2- Le débit maximum (m3/s) :

Les débits maximums dans chaque section sont représentés sur le graphe suivant :

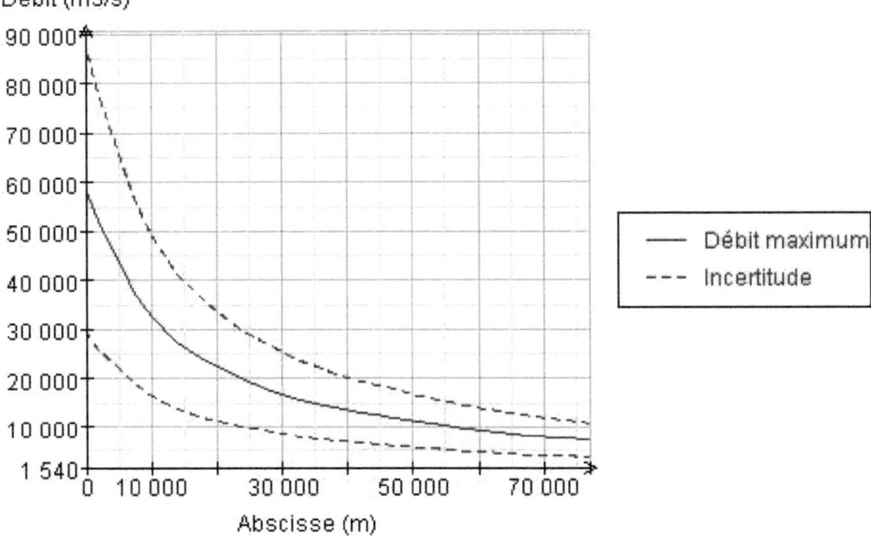

Figure V-5: Représentation des débits max calculés et l'incertitude.

On remarque, à partir de la figure ci-dessus, que le débit maximum de l'onde de submersion diminue en fonction de l'éloignement du barrage, mais pas en fonction de l'élargissement ou rétrécissement de la vallée. Le débit max a l'instant de rupture constaté est de l'ordre de 60000 m^3/s,et le débit minimum enregistrée dans la section 24 est de l'ordre de 7330 m^3/s.

3- La hauteur d'eau maximale :

La hauteur de l'onde de submersion maximum est représentée dans la figure ci-dessous :

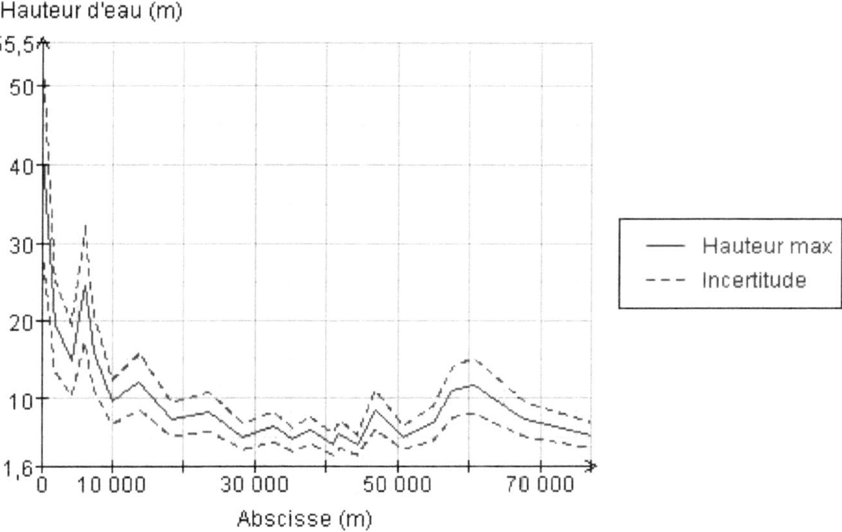

Figure V-6 : Représentation de la hauteur maximum de l'onde de submersion et l'incertitude

Cette figure nous montre la hauteur de l'onde de submersion tout au long de la vallée.

En début de la vallée la hauteur est très élevée a cause du débit important enregistré dans ce tronçon, on remarque aussi que la hauteur de l'onde diffère d'une section à l'autre à cause de l'élargissement ou du rétrécissement de section considéré et par ailleurs on note la diminution de débit de l'onde avec le temps.

La hauteur maximum enregistrée au niveau de la section (1) est de l'ordre 41.69 m, et la hauteur minimum était de 4.09 m au niveau de section (16).

4- La vitesse maximum :

La vitesse maximum de l'onde a travers la vallée est illustrée dans la figure suivante :

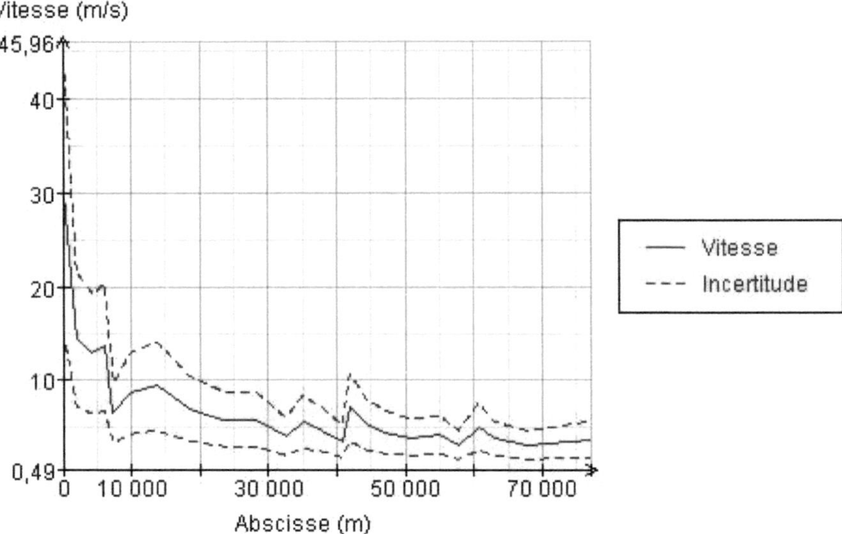

Figure V-6 : Représentation de la vitesse maximum de l'onde de submersion et l'incertitude

On remarque, à partir de cette figure, la différence entre les vitesses de l'onde à chaque point de la vallée qui s'explique par la distance du ce point par apport au barrage et la largeur de la section considérée. La vitesse de l'onde de submersion change en fonction de la pente locale de la section modélisée.

La vitesse max constatée était de l'ordre 29.92 m/s au niveau du section (1), alors que la vitesse min est de 3.14 m/s au niveau du section (23).

5- Le temps d'arrivée :

Le temps d'arrivée de l'onde de submersion le long de la vallée modélisée est représenté sur la figure suivante:

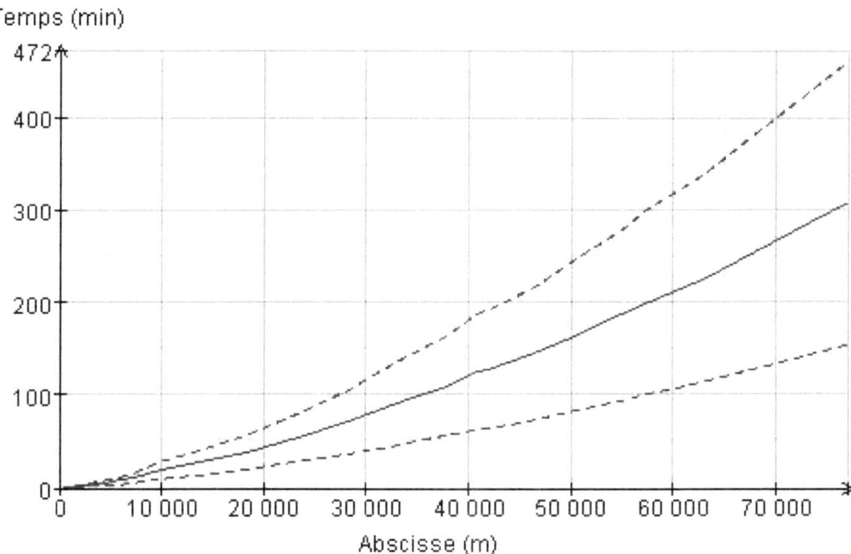

Figure V-7: Représentation du temps d'arrivé de l'onde de submersion et l'incertitude

En remarque que le temps d'arrivée de l'onde de submersion augmente en fonction de la distance de la vallée par apport au repère (barrage).

Le temps de propagation total le long de la vallée modélisée (section 24) est estimé à 307 minutes (5h et 12min)

6- La ligne d'énergie :

La ligne d'énergie est illustrée dans la figure suivante :

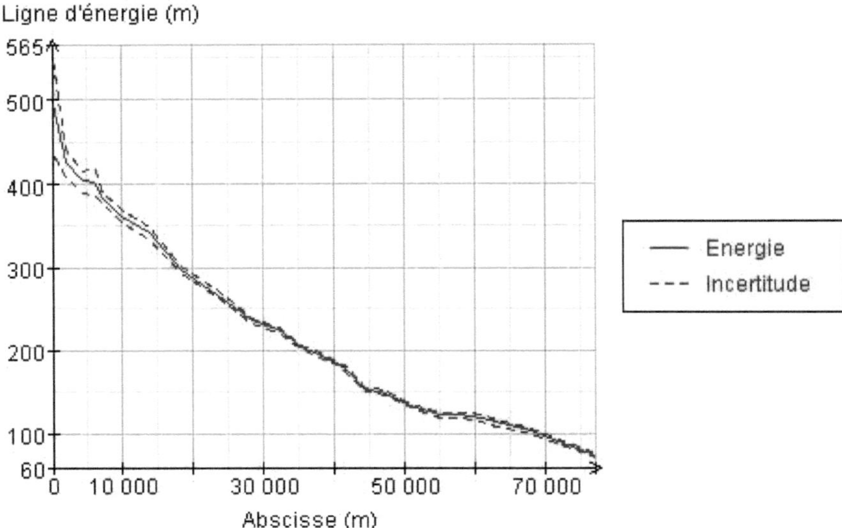

Figure V-7 Représentation la ligne d'énergie de l'onde de submersion le long de la vallée et l'incertitude

Cette figure nous montre la ligne d'énergie toute au long de la vallée. Au début la ligne d'énergie est élevée à cause du débit important enregistré dans ce tronçon, on remarque aussi que la ligne d'énergie diffère d'une section à l'autre à cause de l'élargissement ou du rétrécissement de la section considérée.

Nous tenons à rappeler que ces résultats correspondent à des ordres de grandeur et que les chiffres obtenus ne sont donc pas à considérer de manière absolue.

Les hauteurs d'eau maximales en cas de rupture sont les plus importantes sur les zones de rétention. Ces zones se situent principalement dans le secteur amont.

Le tableau V-1 indique également les temps de propagation du front de l'onde de rupture ainsi que les hauteurs caractéristiques, et les débits maxima atteints par le front de l'onde.

Les résultats généraux de calculs de l'onde de submersion sont résumés dans le tableau suivant :

Résultats pour le scénario scénarios 1

Résultats | Résultats minorés | Résultats majorés

Distance	Débit Max	Hauteur Max	Cote Max	Vitesse	Temps d'arrivée	Ligne d'énergie
168,460	58 342,000	41,690	449,690	29,920	0,100	495,320
1 949,930	52 101,130	19,370	414,370	14,340	2,000	424,850
4 323,610	45 695,130	14,920	394,920	12,850	5,000	403,340
6 050,110	41 714,130	24,500	392,500	13,540	8,000	401,840
7 310,830	37 965,130	16,100	381,100	6,480	10,000	383,240
9 987,280	32 748,130	9,630	357,630	8,560	18,000	361,360
13 777,880	27 467,130	12,140	337,140	9,320	26,000	341,570
18 379,040	23 551,140	7,310	295,310	6,950	37,000	297,770
23 422,540	20 172,450	8,380	266,380	5,740	53,000	268,060
28 290,400	17 706,450	5,160	233,160	5,830	70,000	234,890
32 592,670	15 723,450	6,480	221,480	3,950	88,000	222,280
35 110,980	14 943,450	4,890	202,890	5,480	98,000	204,420
37 873,650	14 140,450	5,930	193,930	4,650	109,000	195,030
40 833,890	13 309,030	4,270	181,270	3,530	124,000	181,910
41 807,680	13 124,030	5,550	173,550	7,030	127,000	176,070
44 378,240	12 589,030	4,090	152,090	5,290	136,000	153,520
46 877,570	11 951,030	8,520	148,520	4,460	146,000	149,530
50 781,350	11 098,030	5,010	133,010	3,830	165,000	133,760
54 960,410	10 290,030	6,880	121,880	4,150	186,000	122,760
57 667,030	9 809,030	10,960	121,960	3,170	201,000	122,470
60 662,290	9 321,030	11,640	117,640	5,000	215,000	118,910
62 843,930	8 997,060	10,360	112,360	3,800	225,000	113,100
67 839,370	8 318,000	7,330	102,330	3,140	254,000	102,830
76 963,660	7 330,000	5,320	73,320	3,690	307,000	74,010

Fermer

Tableau V-1

On remarque dans ce tableau que le débit maximum à l'instant de rupture est de 59 120 m^3/s qui correspond à la vitesse de 106.31 m/s, avec le débit max exprimé par [m^3/s], la vitesse [m/s], la côte maximum [mNGA], le temps d'arrivée [minute].

Les hauteurs minimum enregistrée dans quelque section (section 12, 14, 16...) sont faibles par rapport aux autres à cause de la largeur des sections considérées.

Les tableaux ci-dessous montrent les résultats de calculs minorées, et majorées enregistrées dans les 24 sections étudiés (tableauV-2, tableau V-3)

Résultats pour le scénario scénarios 1

Résultats | Résultats minorés | Résultats majorés

Distance	Débit Max	Hauteur Max	Cote Max	Vitesse	Temps d'arrivée	Ligne d'énergie
168,460	29 171,000	29,183	437,183	14,960	0,000	437,186
1 949,930	26 050,565	13,559	408,559	7,170	3,000	408,558
4 323,610	22 847,565	10,444	390,444	6,425	7,500	390,448
6 050,110	20 857,065	17,150	385,150	6,770	12,000	385,146
7 310,830	18 982,565	11,270	376,270	3,240	15,000	376,270
9 987,280	16 374,065	6,741	354,741	4,280	27,000	354,736
13 777,880	13 733,565	8,498	333,498	4,660	39,000	333,501
18 379,040	11 775,570	5,117	293,117	3,475	55,500	293,115
23 422,540	10 086,225	5,866	263,866	2,870	79,500	263,867
28 290,400	8 853,225	3,612	231,612	2,915	105,000	231,610
32 592,670	7 861,725	4,536	219,536	1,975	132,000	219,541
35 110,980	7 471,725	3,423	201,423	2,740	147,000	201,422
37 873,650	7 070,225	4,151	192,151	2,325	163,500	192,149
40 833,890	6 654,515	2,989	179,989	1,765	186,000	179,994
41 807,680	6 562,015	3,885	171,885	3,515	190,500	171,886
44 378,240	6 294,515	2,863	150,863	2,645	204,000	150,867
46 877,570	5 975,515	5,964	145,964	2,230	219,000	145,960
50 781,350	5 549,015	3,507	131,507	1,915	247,500	131,509
54 960,410	5 145,015	4,816	119,816	2,075	279,000	119,818
57 667,030	4 904,515	7,672	118,672	1,585	301,500	118,670
60 662,290	4 660,515	8,148	114,148	2,500	322,500	114,144
62 843,930	4 498,530	7,252	109,252	1,900	337,500	109,256
67 839,370	4 159,000	5,131	100,131	1,570	381,000	100,128
76 963,660	3 665,000	3,724	71,724	1,845	460,500	71,720

Fermer

Tableau V-2

Résultats pour le scénario scénarios 1

Résultats | Résultats minorés | **Résultats majorés**

Distance	Débit Max	Hauteur Max	Cote Max	Vitesse	Temps d'arrivée	Ligne d'énergie
168,460	87 513,000	54,197	462,197	44,880	0,000	553,454
1 949,930	78 151,695	25,181	420,181	21,510	1,000	441,142
4 323,610	68 542,695	19,396	399,396	19,275	2,500	416,232
6 050,110	62 571,195	31,850	399,850	20,310	4,000	418,534
7 310,830	56 947,695	20,930	385,930	9,720	5,000	390,210
9 987,280	49 122,195	12,519	360,519	12,840	9,000	367,984
13 777,880	41 200,695	15,782	340,782	13,980	13,000	349,639
18 379,040	35 326,710	9,503	297,503	10,425	18,500	302,425
23 422,540	30 258,675	10,894	268,894	8,610	26,500	272,253
28 290,400	26 559,675	6,708	234,708	8,745	35,000	238,170
32 592,670	23 585,175	8,424	223,424	5,925	44,000	225,019
35 110,980	22 415,175	6,357	204,357	8,220	49,000	207,418
37 873,650	21 210,675	7,709	195,709	6,975	54,500	197,911
40 833,890	19 963,545	5,551	182,551	5,295	62,000	183,826
41 807,680	19 686,045	7,215	175,215	10,545	63,500	180,254
44 378,240	18 883,545	5,317	153,317	7,935	68,000	156,173
46 877,570	17 926,545	11,076	151,076	6,690	73,000	153,100
50 781,350	16 647,045	6,513	134,513	5,745	82,500	136,011
54 960,410	15 435,045	8,944	123,944	6,225	93,000	125,702
57 667,030	14 713,545	14,248	125,248	4,755	100,500	126,270
60 662,290	13 981,545	15,132	121,132	7,500	107,500	123,676
62 843,930	13 495,590	13,468	115,468	5,700	112,500	116,944
67 839,370	12 477,000	9,529	104,529	4,710	127,000	105,532
76 963,660	10 995,000	6,916	74,916	5,535	153,500	76,300

Fermer

Tableau VI-3

Pour les profils en travers les plus caractéristiques de la zone modélisée, l'évolution de la cote du niveau d'eau dans chaque section en NGA est détaillée en **ANNEXE 3**.

A partir de ces résultats, on peu représente les zones menacées par l'onde de submersion (on rappelons que la limite d'inondation est le point d'intersection entre la ligne d'énergie et le terrain naturel) sur une carte est appelle la carte d'inondation qui résulterait d'une rupture totale du barrage. Cette carte détermine, quelles seront les caractéristiques de l'onde de submersion en tout point de la vallée : le temps de propagation ou de passage de l'onde, Les enjeux et les points sensibles (route, voie ferré, etc.) cette carte est représenté en **ANNEXE 4.**

Les résultats obtenus appellent les commentaires suivants :

- la surface totale inondée, à l'aval du barrage des Portes De fer suite à sa rupture totale lorsque la retenue est son niveau maximal, concerne presque toute la vallée jusqu'à la dernière section étudiée (Section 24 - Sidi Aich).
- le laminage de la crue résultant de la rupture du barrage est très important sur la partie amont du domaine d'étude avant la section (9) sur la plaine du Sahel en amont de Beni Mansour. Et après de cette section la rétention devrait diminuer la dynamique du front d'onde.
- L'écoulement profite de la largeur de la plaine et l'hydrogramme des résultats s'étale régulièrement jusqu'à l'arrivée à la section (16) (Akbou indique sur la carte topographique), on peu estimer que l'atténuation à l'aval deviendra beaucoup plus sensible.
- Au droit de barrage (section (1) le débit maximal atteint 58342 m^3/s moins d'une minute après la rupture.
- Le débit maximal à la dernière section étudiée est de l'ordre 7330.00m^3/s qui correspond à une hauteur d'eau de 5.32 m et le temps d'arrivée du premier front de l'onde est de 307min.
- La durée de l'événement est importante a partir de l'instant où le barrage rompt, l'onde de submersion s'étale sur une durée totale de 5 h.
- Les vitesses maximales et les débits maximaux d'écoulement ont lieu au moment du passage du front de l'onde de rupture. Cela signifie qu'elles sont synchrones avec les hauteurs d'eau maximales hors des zones de rétention. Sur les zones de rétention, les vitesses maximales et les débits maximaux sont calculés lors du début du remplissage de ces zones.

- Nous constatons que l'onde de rupture est fortement laminée entre le barrage et la dernière section. Toutefois, ce laminage est relatif et il convient de relever que le débit de pointe au niveau de cette section reste très élevé, à environ 7330 m^3/s.

- Les débits de pointe de l'onde de rupture s'atténuent au cours du cheminement du barrage jusqu'à Sidi Aich de la manière suivante :

Distance en km	Site	Débit de pointe (m^3/s)
00	Barrage PDF	59120.00
4.32	Aval barrage PDF (section 3)	45695,13
28.29	Sortie Beni Mansour (section 10)	17760.45
50.781	Akbou (section 16)	11098.03
76.963	Sidi Aich (section 23)	7730.00

- La vitesse moyenne calculée du front d'onde entre le barrage et la dernière section est d'environ 7.78 m/s.

V-8 Comparaison avec les débits de crue

Oued Azerou

Les débits de crue suivant sont retenus pour l'Oued Azerou au niveau de la station limnimétrique des Portes de Fer [donnée ANBT étude hydrologique des Portes de Fer]:

Ces débits sont donc caractéristiques de oued Azerou en amont de la confluence du oued Bouktone.

Période de retour	Debit Oued Azerou	Debit Oued Bouktone
T=10 ans	340 m^3/s	150 m^3/s
T=100 ans	730 m^3/s	245m/s
T=1000 ans	1300 m^3/s	435 m/s

Oued Bouktone : La crue millénale du oued Bouktone est estimée à $Q_{1000} = 435\ m^3/s$.

Oued Marhir [données ANBT]

L'oued Marhir est principalement constitué de la confluence des oueds Azerou et Bouktone, de sorte que l'on peut admettre un débit caractéristique équivalent à la somme des deux, à savoir un débit d'une crue millénale de Q1000 = 1 735 m^3/s au droit de leur confluence.

Oued Sahel et oued Soummam

Les débits caractéristiques de crues du Sahel n'étant pas connus, nous avons fait une analyse qualitative des débits par rapport aux oueds Azerou et Bouktone. La carte ci-après montre l'importance relative des cours d'eau du bassin versant de la Soummam.

Le débit de pointe calculé au droit d'Akbou (Q = 4 700 m^3/s) juste après la confluence entre oued Sahel et oued Soummam est de l'ordre du triple du Q1000 = 1 735 m^3/s estimé à la confluence entre oued Azerou et oued Bouktone.

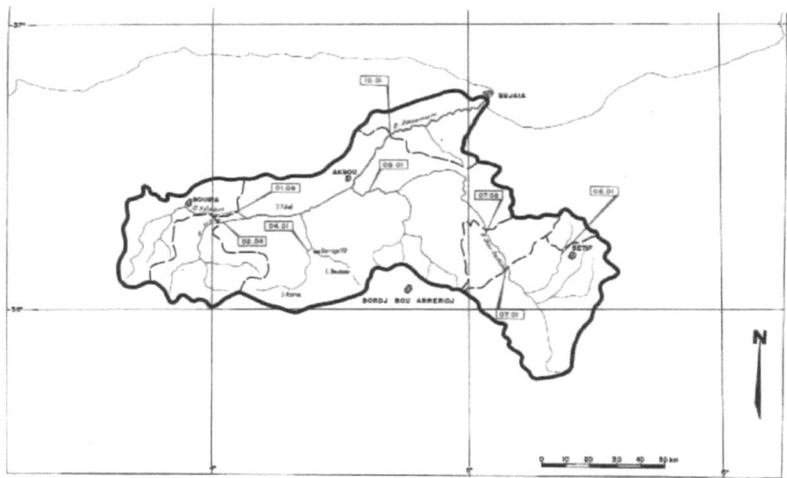

Figure V-9 : Carte de situation de mesure de bassin de la Soummam (Annuaire hydrologique de l'Algérie, 1990-1991)

Pour mémoire, lors de la crue historique de 1957-1958, le débit de la Soummam a été estimé à 5 250 m^3/s à Sidi Aich (20 km à l'aval d'Akbou). Le temps de retour de cette crue à été évalué à T ≈ 100 à 150 ans..

On notera également que le débit de pointe d'un front d'onde diminue avec la distance et avec le temps contrairement au débit de point d'une crue qui augmente au fur et à mesure que celle-ci s'approche de la mer.

En synthèse :

- Sur les tronçons A et B, les débits induits par la rupture sont d'au moins un ordre de grandeur supérieur aux débits de crue;
- Dans la vallée de la Soummam (section 18) le débit "rupture" décroît mais reste tout de même important , puisque que le débit max. calculé au droit de Sidi Aich est plus fort que celui de la crue historique observée en 1957 et 1958.

V-9 Conséquences d'une rupture du barrage des Portes de Fer

A partir de l'examen des cartes topographique de la zone étudiée, on peut estimer les conséquences d'une rupture du barrages des portes de fer comme suit

:

Zone A

Le secteur de la zone A (la zone immédiate après le barrage) qui serait traversé par le front d'onde serait gravement touché et inondé totalement.

Zone B jusqu'à Beni Mansour

Lors du passage du front d'onde, il faut compter avec la destruction totale ou partielle des infrastructures routières ou ferroviaires traversées par le front d'onde. Les ponts seraient certainement détruits et emportés par le passage du front.

La localité de Beni Mansour serait fortement touchée et il faut compter avec la destruction partielle ou totale du village.

Zone C

La zone entre Beni Mansour et Sidi Aich d'après les résultats de calculs (hauteur d'eau, vitesse de l'onde…) serait moins durement affectée, même si le front de l'onde de submersion y reste assez violent. Les ouvrages et les infrastructures qui se situent le long de l'oud seront touchés par le front d'onde (la route, la ligne de chemin de fer).et notamment les ponts qui traversent l'oued comme le pont qui reliant Tazmalt à Guenndouz devraient être fortement endommagés, voire complètement détruits.

De par la violence des crues naturelles de la Soummam, les implantations en dur sont en générale à distance respectueuse de l'Oued, ce qui devrait réduire d'autant les dommages potentiels.

Les dégâts qui seraient occasionnées par l'onde de submersion comprennent :

- des pertes humaines ;
- les infrastructures qui seront affectées par l'onde de submersion sont nombreuses, les zones urbanisées (localité de Beni Mansour) , la majeure partie de la voie ferrée (Alger-Constentine,et Alger-Béjaia) et de nombreux ponts et voiries routières seront détruits (la RN 5 Alger-Constentine, et RN 26 Alger - Bejaia).

V – 10 : Comparaison des résultats obtenus avec ceux d'une autre étude

Il est à signaler que dans le cadre de l'étude d'avant projet détaillé du barrage de Portes de Fer, une étude des risques encourus à l'aval, en cas de rupture du barrage, a été effectuée par le bureau d'études BONNARD & GARDEL (Suisse) pour le compte de l'Agence Nationale des barrages et Transferts.

Cette étude a été réalisée au moyen du logiciel FLO 2D.

Les résultats obtenus dans cette étude sont comparés aux nôtres dans le tableau, ci-dessous: (Il est à signaler que l'étude de BONNARD & GARDEL a porté sur uniquement 3 sections de la vallée situées à 0, 3,5 , 22 et 49 Kilomètres du barrage. Afin de pouvoir comparer des valeurs à des conditions similaires, nous utiliserons les sections de notre étude situées à 0, 4,32, 28,29 et 50,78 Kilomètres du barrage).

Désignation	I		II		III		IV	
	Mémoire (S 0)	B &G (S0)	Mémoire (S 3)	B&G (S 1)	Mémoire (S 10)	B&G (S 2)	Mémoire (S 16)	B&G (S 3)
Débit (m3/s)	59120	65000	45695	27000	17760	14000	11098	4700
Vitesse (m/s)	-	-	12.85	25	5.83	5	3.83	3 -4
Hauteur d'eau (m)	-	-	14.92	10	5.16	4	5.01	3
Temps d'arrivée (min)	0	0	5	6	70	55	165	180

Les différences constatées entre les résultats des deux études peuvent s'expliquer par la différence entre les données d'entrées utilisées.

En effet, dans l'étude de BONNARD et GARDEL, seules trois sections ont servi à modéliser la vallée et partant de là, les pentes utilisées dans le calculs sont des pentes moyennes et la section de la vallée est considérée uniforme sur de grandes distances, de même que les coefficients de Stickler utilisés sont des valeurs moyennes entre deux sections.

Par contre dans notre étude nous avons modélisé le tronçon de vallée considéré à l'aide de 24 sections et par conséquent, nous avons utilisé les pentes réelles ainsi qu'une géométrie plus proche de la réalité de la vallée.

V-11 Conclusion

Pour éviter qu'une telle catastrophe ne se produise, les moyens à mettre en oeuvre interviennent à plusieurs stades de la vie du projet : lors des études, de la construction, de l'exploitation.

Au stade des études

Le dimensionnement du barrage doit être effectué dans les règles de l'art ; l'étude de stabilité est un point clef du dimensionnement pour laquelle les différents cas de charges normaux et extrêmes (prise en compte du risque sismique) doivent être examinés.

Les études d'exécution doivent être menées rigoureusement en adaptant si nécessaire des condition géologiques réelles rencontrés, dans le cas du barrage de Portes de Fer, la bonne qualité de la fondation est un élément favorable indéniable.

Au stade des travaux

S'assurer que l'ouvrage est construit conformément aux spécifications techniques du marché de travaux et acter de toutes les modifications apportées au cours de l'exécution.

S'assurer que la dispositif d'auscultation préconisé est effectivement mis en place et opérationnel de suite ;

Suivre et analyser la phase critique de première mise en eau, qui est toujours très révélatrice de désordres cachés, en respectant les paliers de mise en eau recommandés.

Au stade de l'exploitation

Surveiller régulièrement le comportement du barrage et le fonctionnement des ouvrages annexe (évacuateur de crue, vidange de fond), par le biais des dispositifs d'auscultation et de visites et fonctionnement périodiques des dispositifs de vannage ;

Conclusion générale

La rupture d'un barrage est un phénomène très exceptionnel et brutal et que tout doit absolument être mis en œuvre afin de l'éviter. Cela signifie que même si la probabilité qu'un tel événement se produise est très faible, la rupture occasionnée peut être soudaine et ne donner que peu de signes avant-coureurs.

Les conséquences d'une rupture de barrage étant très graves, ces édifices doivent être conçus minutieusement avec d'importantes marges de sécurité, puis surveillés en permanence pendant et après leur réalisation.

La propagation de l'onde de submersion à la rupture d'un barrage est l'un des problèmes que ne manque pas de complexité, ou beaucoup de travaux ont été fait. Ces derniers sont basés sur la résolution des équations qui régissent le phénomène étudié.

La simulation de cet événement permet de représenter l'impact maximal d'une rupture du barrage projeté en termes de niveaux d'eau, de vitesse sur la vallée en aval et le temps de propagation.

Les calculs effectués conservent une incertitude intrinsèque due en grande partie à la faible quantité d'informations utilisée pour le calcul. Ceci se traduit évidemment aussi par un faible coût d'acquisitions des données et des temps de calcul très brefs, ce qui est le principal avantage du logiciel. Globalement, le point fort des logiciels de calcul CASTOR est qu'ils permettent de modéliser rapidement de multiples scénarios de rupture, générant rapidement les résultats.

Les résultats sont très dépendants des hypothèses envisagées lors du choix des différents paramètres (stricklers en particulier). Dans ce contexte, un résultat fiable ne peut venir que de l'utilisation répétée du logiciel sur un même problème.

Les résultats obtenus avec le logiciel CASTOR sont comparés avec les crues naturelles (historique) qui ont été enregistrés auparavant dans la vallée modélisée et n'en sont pas très éloignés , ce qui montre un degré certain de fiabilité du modèle et du logiciel utilisés.

Bibliographie

[1] **Combe-J (1979)** « technologie du matériels hydrauliques », Tome I, Ecole National des matières pétrolières – France.

[2] **Contrôle des barrages en exploitation** (1997), Guide BETCGB de la France.

[3] **Etude de faisabilité de barrage des portes de fer**, Mission 2, (2000), étude hydrologique, Agence national des barrages et transferts.

[4] **Etude d'APD de barrage de Bousiaba et de transfert des eaux vers le barrage de Beni Haroun, Etude du risque aval en cas de rupture du barrage**, Agence National de Barrage et transferts.

[5] **Nettari,K & Sediki,R**, « sécurité de barrage face au risque des crues » Projet de fin d'étude, ENP Alger.

[6]**Bellos, G.V & Sokkas, T.G**(Val 113,N°1,PP.1510-1521,1987), « Dam break flood-ware propagation oudrybed » Journal of hydraulic Engineering »

[7] **Zouaoui.D (2005)**, « Simulation numérique des écoulement à surface libre avec onde »DAM-BREAK, projet de fin d'étude. E N Polytechnique. Alger.

[8] **R, W, Miller (2003),** Appréciation du danger particulier à l'aide de calculs simplifiés de l'onde de submersion, « workshop petits barrage office fédéral des eaux et de la géologie OFEG, .Allemand

[9] **Ider, K (2004)**, « modélisation hydromécanique d'un cours d'eau : Application à l'Oued SOUMMAM » Mémoire de magister, E N Polytechnique. Alger.

[10] Etude de conséquence de la rupture du barrage des porte de fer, 2006, Agence National des Barrages et de transferts.

[11] **Berichte des BWG (2002),** Sécurité des ouvrages d'accumulation, Documentation de base relative aux critères d'assujettissement, Série Wasser - Rapports de l'OFEG, série Eaux Rapporti dell'UFAG, série Acqua Bienne, ,***Version 1.0 (Juin 2002).***

[12] **Rupture de digues : pratiques actuelles de modélisation du processus de rupture et des conséquences en terme d'inondation,** Recommandations aux Maîtres d'Ouvrages (décembre 2005), **Auteur** : CETE méditerranée, **Responsable de l'étude** : Annick TEKATLIAN, Département DHACE

[13] **Jean Pierre Asté, GIPEA**, Méthodologie pour l'évaluation économique des risques et de l'efficacité des parades, édition EVARISK

[14] CASTOR, **Logiciel de calcul simplifie pour le traitement des ondes de rupture de barrage**, l'Unité de Recherches Hydrologie Hydraulique du Cemagref.

[15] André PAQUIER (2005), Test cases of dam breach simulation Comments about Cemagref's results, Cemagref

[16]bulletin bimestriel du comité national algérien des grand barrages ,1ere congrès national des grands barrages, (24 et 25 MAI 1993),édition ELKOUNDOUS

Exemple de tracé des sections à partir des cartes topographiques en utilise logiciel AUTO CAD.

D : c’est la distance entre la section et le barrage en (m).

ANNEXE 1 :
Exemple de tracé des sections à partir des cartes topographiques

Les profils en travers de chaque section de la vallée étudier en NGA.

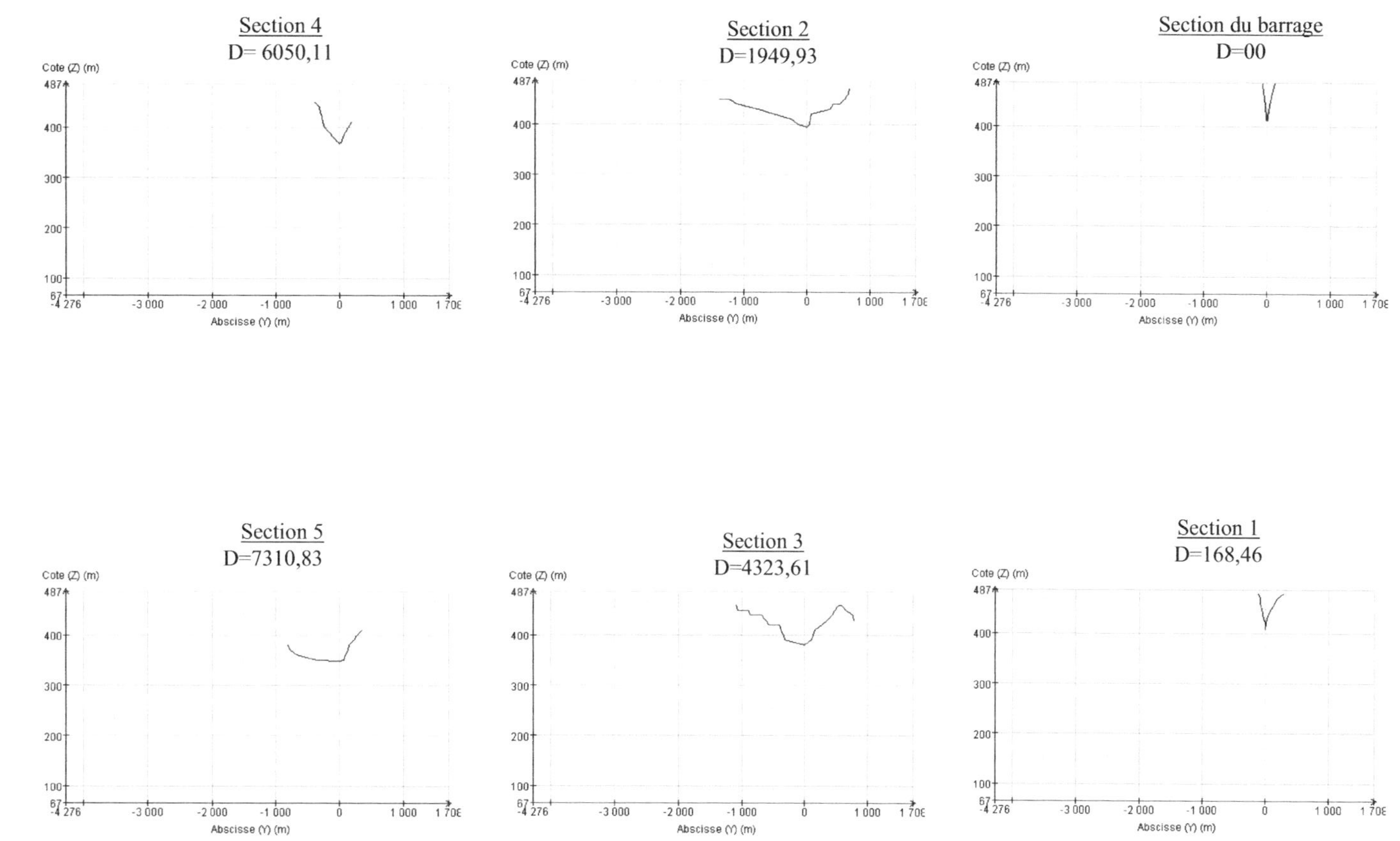
Section du barrage
D=00
Section 1
D=168,46
Section 2
D=1949,93
Section 3
D=4323,61
Section 4
D= 6050,11
Section 5
D=7310,83
Cote (Z) (m)
Abscisse (Y) (m)

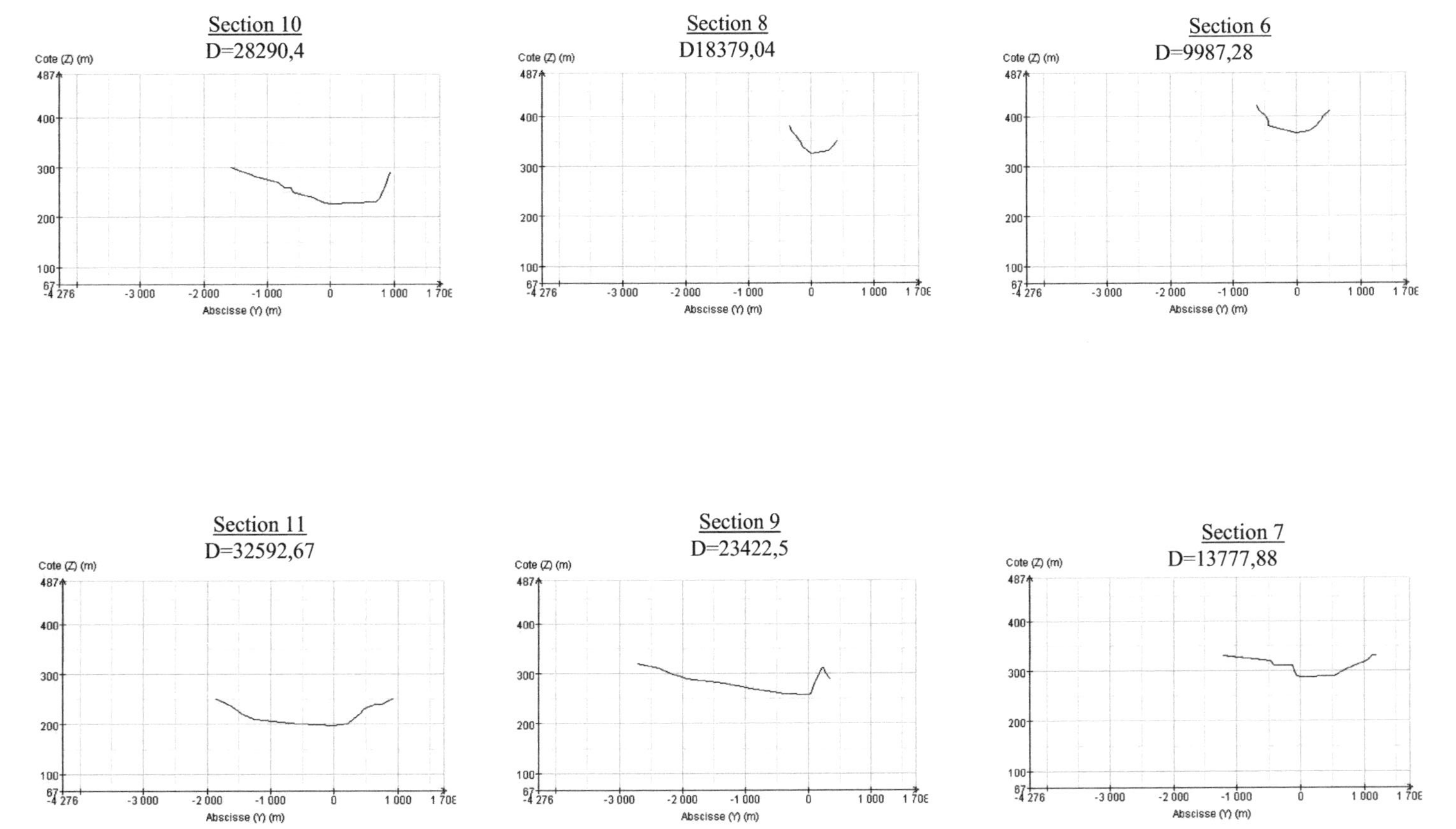
Section 10
D=28290,4
Cote (Z) (m)
487
400
300
200
100
67
-4 276
-3 000
-2 000
-1 000
0
1 000
1 70E
Abscisse (Y) (m)
Section 8
D18379,04
Cote (Z) (m)
487
400
300
200
100
67
-4 276
-3 000
-2 000
-1 000
0
1 000
1 70E
Abscisse (Y) (m)
Section 6
D=9987,28
Cote (Z) (m)
487
400
300
200
100
67
-4 276
-3 000
-2 000
-1 000
0
1 000
1 70E
Abscisse (Y) (m)
Section 11
D=32592,67
Cote (Z) (m)
487
400
300
200
100
67
-4 276
-3 000
-2 000
-1 000
0
1 000
1 70E
Abscisse (Y) (m)
Section 9
D=23422,5
Cote (Z) (m)
487
400
300
200
100
67
-4 276
-3 000
-2 000
-1 000
0
1 000
1 70E
Abscisse (Y) (m)
Section 7
D=13777,88
Cote (Z) (m)
487
400
300
200
100
67
-4 276
-3 000
-2 000
-1 000
0
1 000
1 70E
Abscisse (Y) (m)

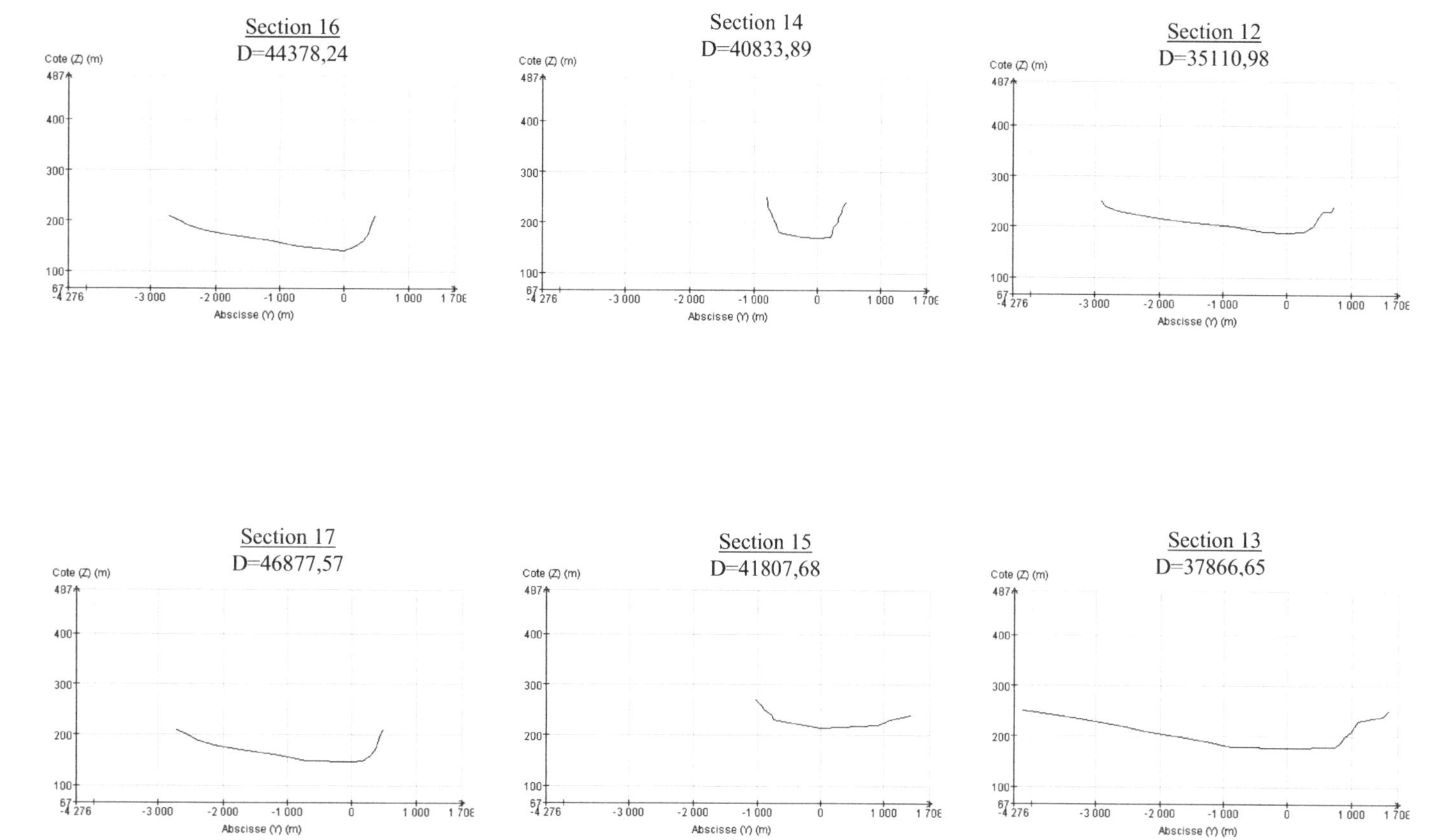
Section 16
D=44378,24
Cote (Z) (m)
Abscisse (Y) (m)
Section 14
D=40833,89
Cote (Z) (m)
Abscisse (Y) (m)
Section 12
D=35110,98
Cote (Z) (m)
Abscisse (Y) (m)
Section 17
D=46877,57
Cote (Z) (m)
Abscisse (Y) (m)
Section 15
D=41807,68
Cote (Z) (m)
Abscisse (Y) (m)
Section 13
D=37866,65
Cote (Z) (m)
Abscisse (Y) (m)

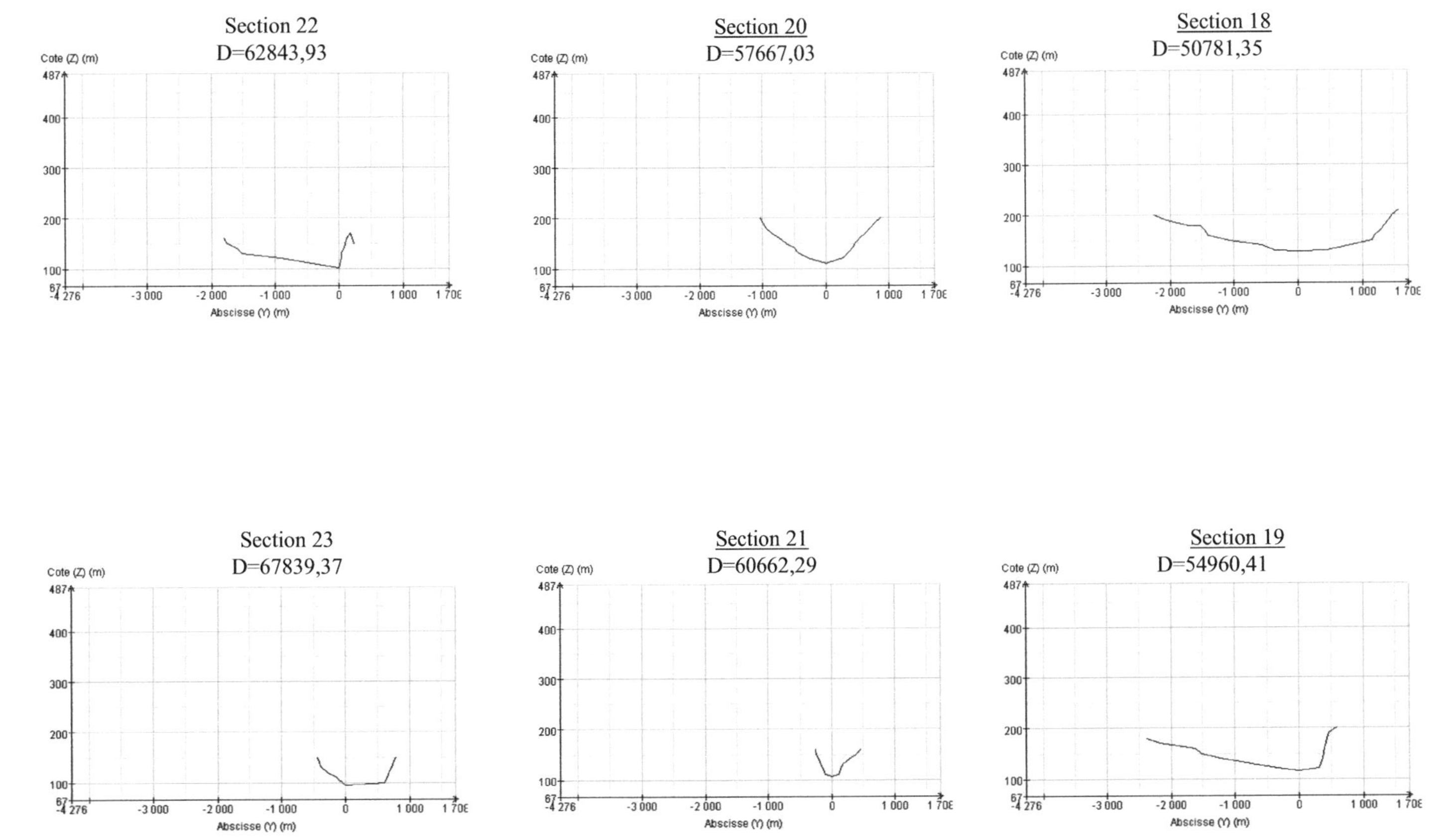

Section 22
D=62843,93
Cote (Z) (m)
487
400
300
200
100
67
-4 276
-3 000
-2 000
-1 000
0
1 000
1 70E
Abscisse (Y) (m)
Section 20
D=57667,03
Cote (Z) (m)
487
400
300
200
100
67
-4 276
-3 000
-2 000
-1 000
0
1 000
1 70E
Abscisse (Y) (m)
Section 18
D=50781,35
Cote (Z) (m)
487
400
300
200
100
67
-4 276
-3 000
-2 000
-1 000
0
1 000
1 70E
Abscisse (Y) (m)
Section 23
D=67839,37
Cote (Z) (m)
487
400
300
200
100
67
-4 276
-3 000
-2 000
-1 000
0
1 000
1 70E
Abscisse (Y) (m)
Section 21
D=60662,29
Cote (Z) (m)
487
400
300
200
100
67
-4 276
-3 000
-2 000
-1 000
0
1 000
1 70E
Abscisse (Y) (m)
Section 19
D=54960,41
Cote (Z) (m)
487
400
300
200
100
67
-4 276
-3 000
-2 000
-1 000
0
1 000
1 70E
Abscisse (Y) (m)

Section 24
D=76963,66

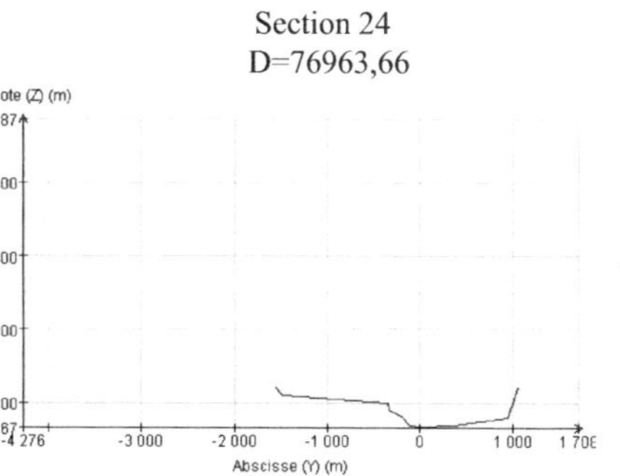

L’évolution de la cote du niveau d’eau dans chaque section en NGA

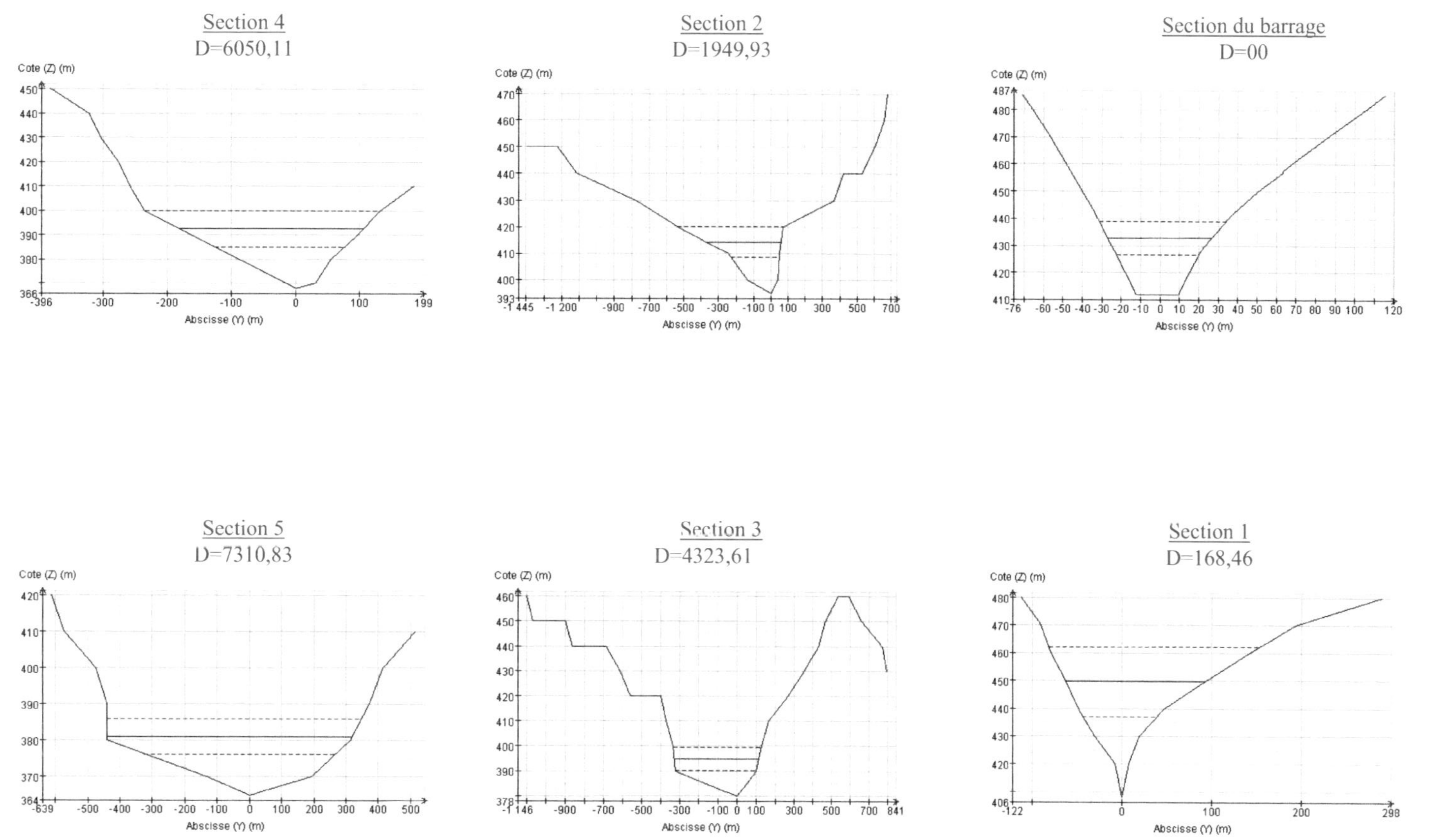
Section du barrage
D=00
Cote (Z) (m)
Abscisse (Y) (m)
Section 2
D=1949,93
Cote (Z) (m)
Abscisse (Y) (m)
Section 4
D=6050,11
Cote (Z) (m)
Abscisse (Y) (m)
Section 1
D=168,46
Cote (Z) (m)
Abscisse (Y) (m)
Section 3
D=4323,61
Cote (Z) (m)
Abscisse (Y) (m)
Section 5
D=7310,83
Cote (Z) (m)
Abscisse (Y) (m)

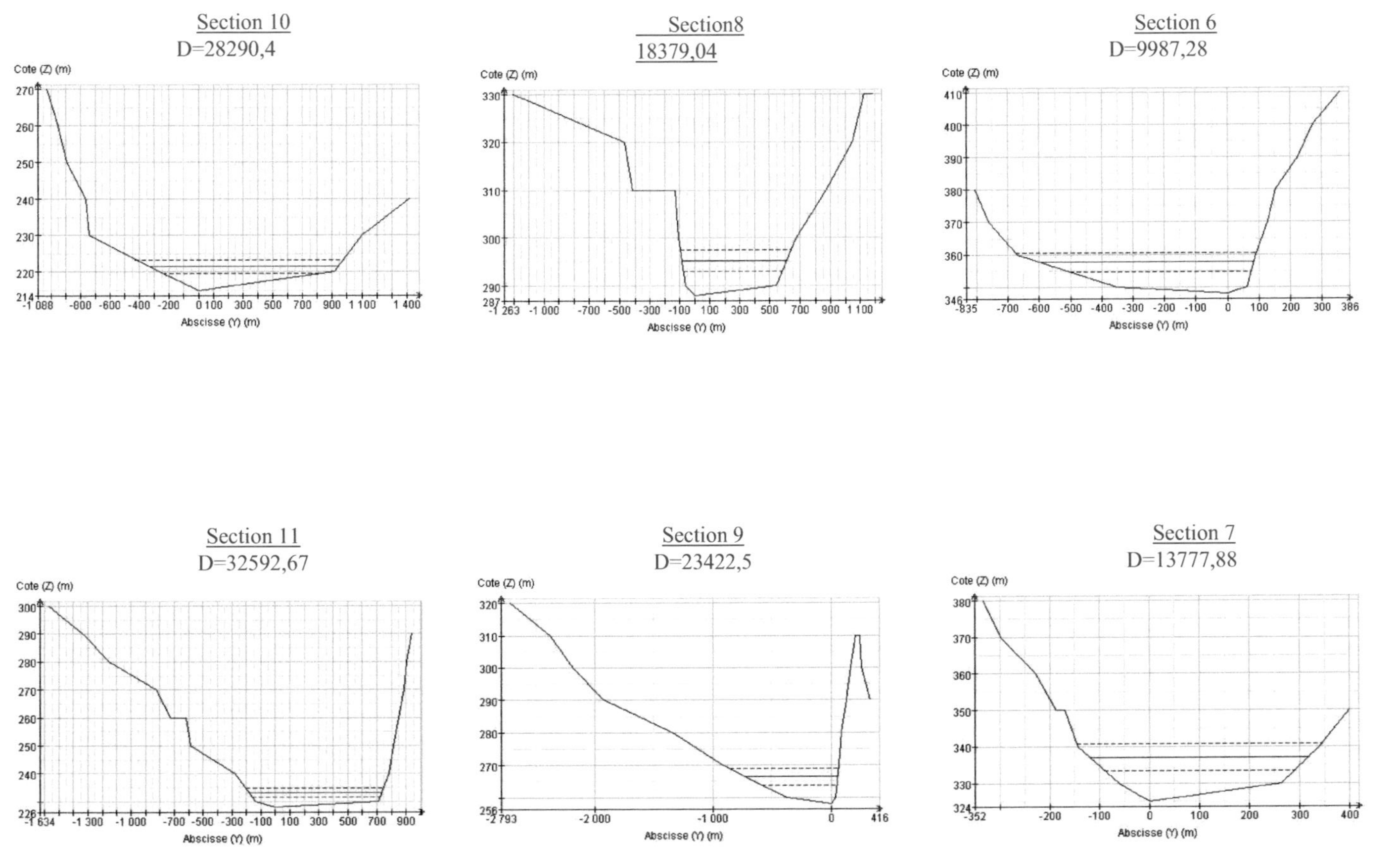
Section 10
D=28290,4
Cote (Z) (m)
Abscisse (Y) (m)
Section8
18379,04
Cote (Z) (m)
Abscisse (Y) (m)
Section 6
D=9987,28
Cote (Z) (m)
Abscisse (Y) (m)
Section 11
D=32592,67
Cote (Z) (m)
Abscisse (Y) (m)
Section 9
D=23422,5
Cote (Z) (m)
Abscisse (Y) (m)
Section 7
D=13777,88
Cote (Z) (m)
Abscisse (Y) (m)

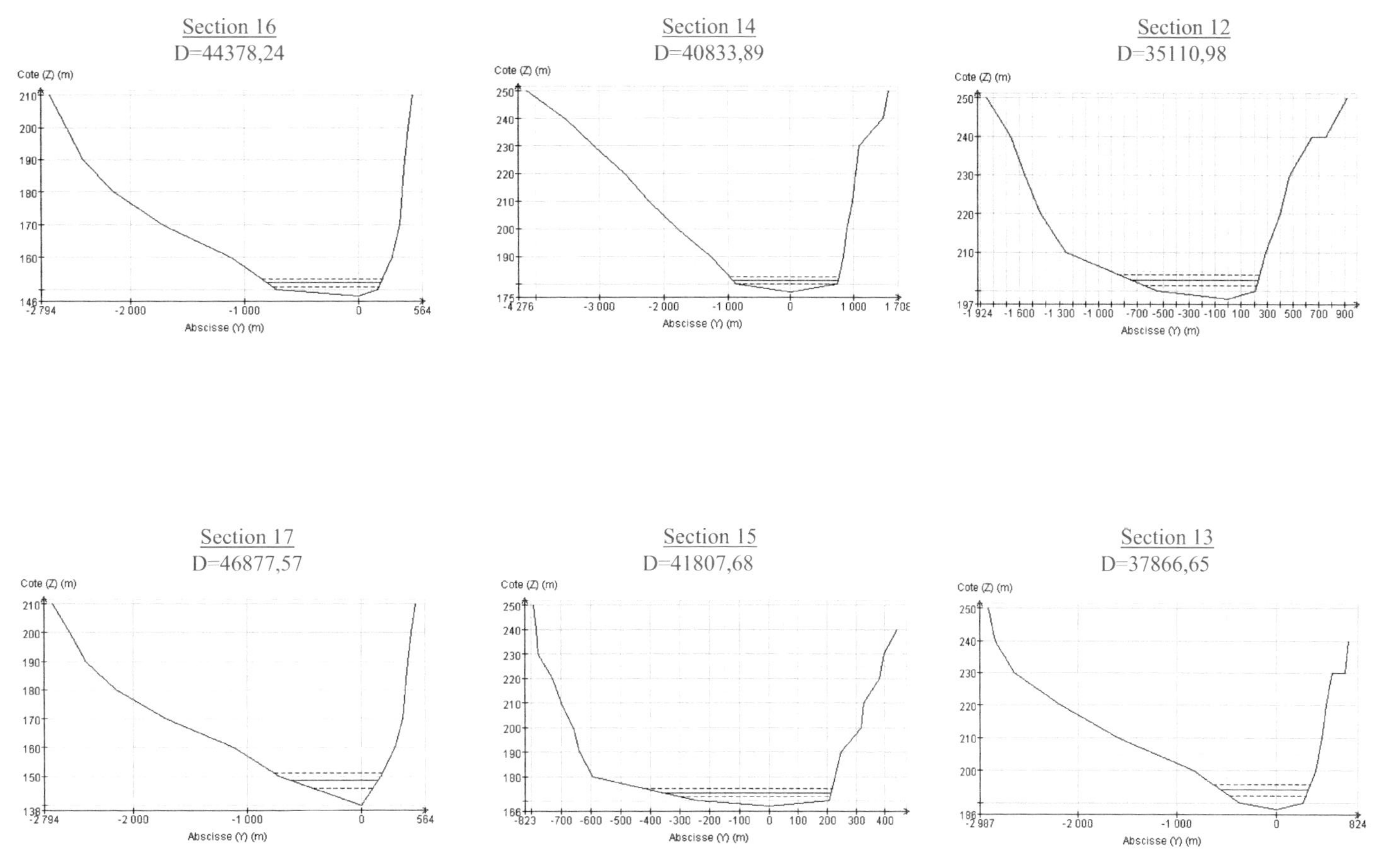

Section 16
D=44378,24
Cote (Z) (m)
Abscisse (Y) (m)
Section 14
D=40833,89
Cote (Z) (m)
Abscisse (Y) (m)
Section 12
D=35110,98
Cote (Z) (m)
Abscisse (Y) (m)
Section 17
D=46877,57
Cote (Z) (m)
Abscisse (Y) (m)
Section 15
D=41807,68
Cote (Z) (m)
Abscisse (Y) (m)
Section 13
D=37866,65
Cote (Z) (m)
Abscisse (Y) (m)

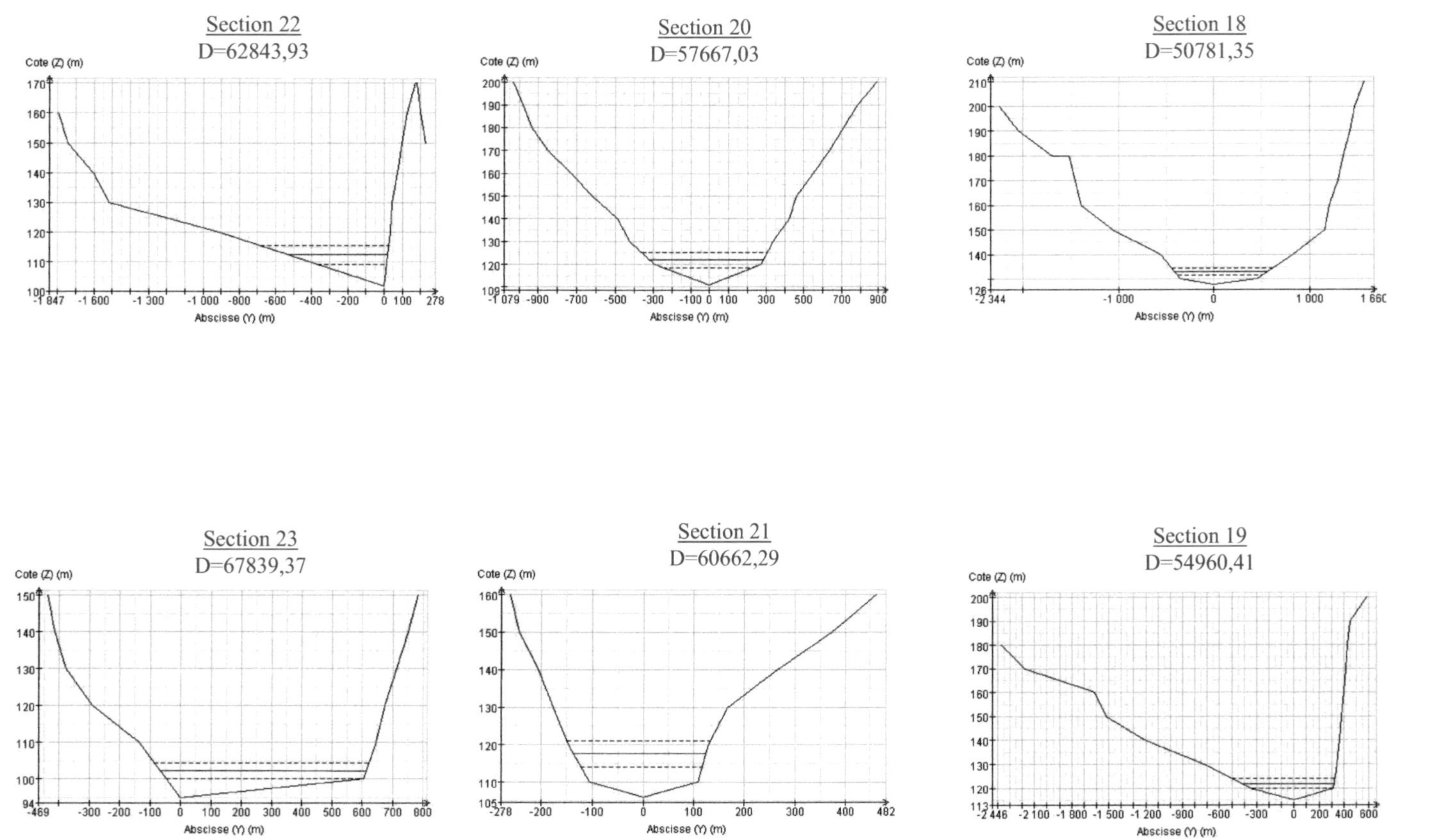
Section 22
D=62843,93
Cote (Z) (m)
Abscisse (Y) (m)
Section 20
D=57667,03
Cote (Z) (m)
Abscisse (Y) (m)
Section 18
D=50781,35
Cote (Z) (m)
Abscisse (Y) (m)
Section 23
D=67839,37
Cote (Z) (m)
Abscisse (Y) (m)
Section 21
D=60662,29
Cote (Z) (m)
Abscisse (Y) (m)
Section 19
D=54960,41
Cote (Z) (m)
Abscisse (Y) (m)

Section 24

276963,66

4

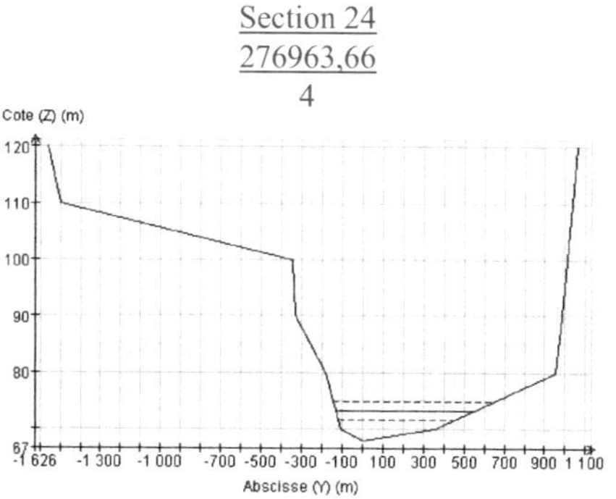

La carte des temps de propagation et emprise du front d'onde (la carte d'inondation).

BARRAGE DES PORTES DE FER
Thème:
Calcul de l'onde de submersion en aval en cas de rupture du barrage
Légende
Vue de la rive gauche
Vue de la rive droite
Vue amont du site du barrage
Annexe 4:
TEMPS DE PROPAGATION ET EMPRISE DU FRONT D'ONDE